공대생을 따라잡는
자신만만
공학이야기

공대생을 따라잡는 자신만만 공학이야기

한화택 지음

플루토

미리 가본 공대 강의실, 공대 4년 공부의 모든 것!

요즘 공과대학의 인기가 매우 높습니다. 졸업하면 취업이 잘될 뿐 아니라 많은 사람들이 미래는 공학기술의 시대가 될 것으로 생각하기 때문입니다. 아닌 게 아니라 최근 공학기술은 놀라운 속도로 발전하며 세상의 변화를 이끌고 있습니다. 이제 디지털 혁명을 넘어 새로운 테크놀로지의 시대가 열리고 있습니다.

공학 기술은 더 이상 엔지니어의 전유물이 아니라 현대인이 알아야 할 상식이자 교양이 되고 있습니다. 복잡한 공학 계산을 위한 도구였던 컴퓨터가 모든 사람에게 필수품이 된 것처럼, 인공지능과 같은 새로운 공학 기술은 이제 엔지니어는 물론 보통 사람들도 알아야 할 현대인의 기초상식이 되고 있습니다.

이 책은 공과대학에서 배우는 교육 내용 가운데 공대 어느 전공에서나 공통으로 배우는 수학과 과학, 모델링, 실험과 실습, 공학 설계에 관련된 내용을 다루고 있습니다. 이 책에서 강조하는 것은 이에 관련된 전문적이고 심화된 지식이 아니라 수식의 이해, 과학적 사고, 실험정신, 창의력과 같이 공학을 전공하는 데 필요한 접근 방법과 자세, 사고방식의 중요성입니다. 자세하고 전문적인 내용은 해당 전공 교실에서 배우게 될 것입니다.

공학에서, 수학은 단순한 문제풀이가 아니라 수식에 담긴 의미를 파악하는 것이며, 원리는 모른 채 그저 외우기만 하는 과학법칙은 공학에서는 별 소용이 없고, 엔지니어링의 핵심인 모델링은 복잡한 세상을 심플하게 수식으로 표현하는 접근방식이라는 점을 알아두면 '엔지니어링 마인드'를 갖추는 데 큰 도움이 될 것입니다.

또 공학에서 또 중요한 것은 직접 해보고, 새롭게 만들어내는 것입니다. 이는 전공책 속 공식이나 이론만으로는 절대 배울 수 없는 것들입니다. 현실적인 쓸모가 가장 중요한 공학에서 좋은 엔지니어가 되고 싶다면, 실험과 실습 시간은 손을 써서 직접 만들어보는 체험의 시간이고, 설계 작업은 기존의 틀을 버리고 새로운 걸 만들어내는 창조적인 작업이라는 것도 항상 기억하면 좋겠습니다.

이 책은 공대를 지망하는 학생들이 공학을 두루 경험해 볼 수 있도록 여러 공대 강의실로 안내할 것입니다. 또 공대 재학생이거나 졸업생들에게는 세분화된 전공에서 잠시 벗어나 엔지니어들이 공통적으로 추구하는 가치와 역할에 관하여 생각하는 시간을 갖게 할 것입니다. 그밖에 일반적인 과학기술이나 교양 상식에 관심이 있는 일반인들에게는 공학 교실을 둘러볼 수 있는 과학기술 교양서로서 역할을 할 것으로 기대합니다. 공대만의 독특한 문화와 유머를 느낄 수 있을 것입니다.

공학 전공은 상당히 세분화되어 있고 다루는 내용이 워낙 전문적이라 외부와의 소통보다는 각 세부 전공이 독자적으로 발전해 왔습니다. 하지만 기술 분야의 융합, 특히 첨단 공학과 전통공학 사이의 융합이 강조되고, 인문학이나 사회학과의 소통이 시대적 화두로 떠오르는 이 시점에 공학 각 전공 분야에서 다루는 공통분모를 찾아내고 블랙박스처럼 보이는 공대 내부의 교육 내용을 소개하는 것이 의미 있을 것이라 생각합니다. 하지만 필자 스스로 지엽적인 한 분야의 전공자로서 공학 전체를 아우르는 책을 발간한다는 것이 결코 쉬운 일은 아니었습니다. 관련 분야 전문가들의 많은 도움이 있었으나 여전히 내용 중 부족한 점이나 잘못된 점이 있을 것이라 생각합니다. 독자 여러분들의 너른 이해를 구합니다.

이 책은 몇 년 전 발간된《공대생도 잘 모르는 공학이야기》와《공대생이 아니어도 쓸데있는 공학이야기》에 이어서 공학을 다루는 세 번째 공대생 이야기입니다. 이 책을 발간하기까지 주변에서 조언해주신 많은 분들께 감사드리고, 멋진 구성으로 세상에 나오게 해주신 플루토 대표님께 감사드립니다.

한화택

차례

2부 공대생이 읽어야 할 자연의 법칙

과학

3부 복잡한 세상을 단순하게 다듬는 엔지니어링

모델링

4부 **손으로 만들고 눈으로 확인하는 일**
실험과 실습

세상에 없던 것을 만들어내는 일

5부 ───────────────────────────

공학 설계

1부

공대생의 언어
수학

1
공학과 수학

학생들은 가장 싫어하는 과목으로 으레 수학을 꼽는다. 비단 우리나라 학생뿐만 아니라 어느 나라 학생에게나 수학은 어렵고 두려운 과목이다. 이렇듯 많은 학생이 수학을 좋아하지 않는 이유는 수학이 다른 과목보다 심하게 골치가 아프기 때문이다. 어느 과목이나 배우고 익히려면 머리를 쓰고 생각을 해야 하지만, 특히 수학은 에둘러 갈 방법이 없다. 이해하지 못한 상태에서 단순히 암기만 해서는 재미도 없고, 실력도 키울 수 없다. 그런데 한번 이해하고 나면 수학처럼 쉬운 것이 없다. 이해한 것이 사라질 리는 없으니, 주어진 문제를 보면서 머리를 잘 굴려 생각만 잘하면 되기 때문이다.

수학은 블록 쌓기와 같다. 아래층을 쌓지 않고 위층을 올릴 수 없듯이,

기본 개념을 이해하지 못한 채 부실한 토대 위에 새로운 개념을 쌓아 올리는 것은 불가능하다. 그래서 학년이 높아질수록 수학을 포기하는 학생이 늘어난다. 기본 개념을 제대로 익히지 못했는데 진도를 나가면서 자꾸 새로운 개념을 배워야 하기 때문이다. 수포자를 면하려면 새로운 내용을 자꾸 입력만 할 것이 아니라, 이미 배운 내용 중에서 이해하지 못한 부분을 찾아내서 완벽히 이해해야 한다. 그래야 비로소 새로운 수학의 세계로 넘어갈 수 있다.

공학에는 재료공학, 환경공학, 생명공학처럼 상대적으로 수학이 크게 요구되지 않는 전공도 있지만, 대부분은 수학이 필수다. 또 전반적으로 수학이 덜 요구되는 전공이라 할지라도 세부 전공에 들어가면 수학이 필수가 되는 경우가 많다. 다만 학문으로서의 수학이 아니라, 실용적인 측면의 도구로서의 수학이 필요하다. 그렇다고 계산을 잘하기만 하면 되는 것은 아니다. 중요한 것은 수학적으로 사고하는 능력이다. 수식을 이해하고, 수식을 통해 세상을 바라보고 자연현상을 수식으로 표현할 수 있는 능력이 중요하다.

이제부터 공학에서 수학에 어떻게 접근하는지 살펴보려고 한다. 공대에 가면 어느 전공을 선택하든 꼭 알아두어야 할 수학의 기본 개념이 있고, 공통의 접근 방법이 있다. 이 책에서는 주로 접근 방법에 초점을 맞추려 한다. 수학 문제에 대한 풀이는 잠시 접어두고 사칙연산부터 미지수와 방정식에 이르기까지 단계별로 이루어지는 수학의 학습 과정을 살펴봄으로써 공학에서 필요한 수학의 기본 개념과 수학적 접근 방법을 자연스럽게 이해할 수 있을 것이다.

2
수

　

수학은 수와 수식으로 표현된다. 수식은 수학이라는 나라의 언어로, 과학이라는 나라에서도 통용된다. 영어 원서를 읽고 싶다면 영어를 공부해야 하고 프랑스인과 대화하고 싶다면 프랑스어를 배워야 하듯, 과학이나 공학을 공부하고 싶다면 수식이라는 언어를 이해해야 한다.

초등학생 때부터 엄청나게 많은 수식을 풀다 보니 수식만 보면 풀어서 답을 찾아내야겠다는 생각이 들겠지만, 사실 수식은 정답을 구하기 위한 것이 아니라 의미를 전달하기 위한 것이다. 특히 수학 교과서에 등장하는 복잡하고 암호처럼 보이는 수식들은 물리현상이나 공학 모델을 수학적 기호를 써서 표현한 것뿐이다. 실제로는 풀리지 않는 수식도 많고, 푸는 것이 목적이 아닌 수식도 많다.

읽지도 못하는 외국어를 보면 답답하듯이, 의미를 모르는 수식을 보고 있으려면 골치만 아프다. 외국어를 배울 때 문장을 구성하는 문법과 단어 용법 등을 익히는 것처럼, 수학을 배울 때도 수식을 구성하는 수와 수학 기호 등 표현 방식을 익혀야 한다. 수식에 나오는 수나 문자는 개별 단어, 수학 기호는 문장 부호나 접속사라고 보면 된다.

수와 연산

우리는 자연수라는 '수'와 덧셈이라는 '연산 과정'을 배우면서 처음 수학의 세계로 들어선다. 어릴 때 손가락을 하나둘 꼽으며 세는 법을 배우면서 많고 적음을 알게 된다. 또 크기를 나타내는 수의 개념을 이해하고 순차적으로 증가하는 수열의 개념을 갖게 된다.

초등학교에 들어가면 자연수를 이용한 덧셈과 뺄셈 등 사칙연산을 배운다. 덧셈과 뺄셈은 어렵지 않게 받아들인다. 사탕이 두 개 있는데 한 개를 먹으면 한 개가 남는다는 사실, 한 개를 더 얻으면 도로 두 개가 된다는 사실을 자연스레 알게 된다. 사탕을 하나라도 더 먹고 싶은 마음에 어린 시절부터 수학 머리가 작동하는 것이다.

곱셈은 덧셈의 연장선에서, 나눗셈은 뺄셈의 연장선에서 익히게 된다. 친구 세 명이 각각 사탕 두 개씩 가지고 있으면 2 더하기 2 더하기 2와 같이 2를 세 번 더하거나 2에 3을 곱해서 총 여섯 개가 되는 것을 안다. 또 피자 한 판을 친구들과 나누어 먹으려면 친구 수대로 나누어야 한다는 사실을 알게 된다. 나누어 먹을 친구가 많아질수록 자기 몫은 작아진다는 사실을 깨달으면서 자연수의 비율로 나타나는 분수를 이해한다.

여기까지는 기본적인 사칙연산인데, 이때부터 수학을 포기하는 학생이 나타난다. 첫 번째 수포자는 분수와 나눗셈의 관계를 이해하지 못한다. 이 학생들은 분수라는 개념을 파악하지 못했다기보다 분수의 표현, 특히 가분수나 대분수의 표현을 이해하지 못한다. 예를 들어 $2\frac{1}{4}$과 같이 대분수로 표현된 것이 2 곱하기 $\frac{1}{4}$인지, 또는 2 더하기 $\frac{1}{4}$인지 헷갈리는 것이다. 아니면 대분수를 초성, 중성, 종성으로 이루어진 한글의 한 글자처럼 이해할 수도 있다. '어떻게 이걸 이해 못하지?'라고 의아하게 여길 수도 있지만 수학적 표현의 장벽을 넘지 못한 것은 분명하다.

초등학교까지는 자연수 범위 안에 머물다가 중학교에 들어가면 음수를 배운다. 아무리 수학을 못한다 해도 플러스, 마이너스 개념을 모르는 학생은 없다. 하지만 근대에 들어서기 전까지 음수는 상상하기 어려운 개념이었다. 어찌 보면 지금 우리가 플러스, 마이너스 개념을 이해하고 있는 것은 대단한 일이다.

음수는 존재의 부정을 의미한다. 작은 수에서 큰 수를 빼다니, 있을 수 없는 일이다. 사탕 두 개를 가진 어린아이에게 세 개를 달라고 하면 어리둥절해 하지 않을까? 원래 음수의 개념은 자산(+)과 부채(-)를 검정색과 빨간색 막대를 써서 구별한 데서 비롯했다. 하지만 확실하게 음수의 개념이 정립되어 음수가 포함된 연산을 수행하게 된 것은 불과 200년이 되지 않는다.

음수가 들어간 덧셈이나 뺄셈은 자산/부채, 전진/후퇴의 개념으로 어렵지 않게 받아들일 수 있다. 그런데 문제는 곱셈과 나눗셈에서 발생한다. 음수가 들어간 곱셈이나 나눗셈의 개념을 온전히 받아들이는 것은 쉬운 일이 아니다.

사탕 세 개를 빚진 아이가 두 명 있다면 이 둘이 가진 전체 사탕의 개수는? 마이너스 여섯 개다. 또 두 명의 아이가 사탕 네 개를 빚졌다면? 각각 사탕 빚이 두 개씩이다. 여기까지는 이해하기가 그리 어렵지 않다. 그런데 사탕 빚 네 개를 마이너스 두 명이 나누어 먹는다면? 음수를 음수로 나누다니, 이게 도대체 무슨 의미일까? 플러스, 마이너스 개념을 이미 알고 있더라도 어렵게 느껴질 수 있다.

음수의 개념이 너무 쉽고 당연하다고 생각하는 사람들을 위해 주식의 예를 들어보겠다. 주식은 쌀 때 샀다가 비쌀 때 팔아서 차익을 챙긴다. 즉 100원짜리 주식을 사두었다가 120원으로 올랐을 때 팔아 20원을 버는 것이다. 그런데 주식시장에는 이런 상식적인 거래 말고도 '공매도'라는 것이 있다. 비쌀 때 가지고 있지도 않은 주식을 팔아서 마이너스 주식, 즉 주식의 빚을 가지고 있다가, 값이 내려가면 나중에 주식을 사들여서 빌린 주식을 갚는다. 가지고 있지도 않은 주식을 120원에 팔았다가 주가가 100원으로 떨어지면 도로 사서 20원을 버는 것이다. 음수 개념이 없다면 갖고 있지 않은 사탕을 다른 아이에게 주는 것만큼이나 이해하기 어려울 수 있는 거래 방법이다.

미지수

처음 사칙연산을 배울 때는 1, 2, 3…으로 이어지는 자연수를 대상으로 한다. 그리고 2에 3을 더하면 5가 되고, 5에서 1을 빼면 4가 되는 식으로, 하나의 연산을 끝내고 그 결과를 받아서 다음 연산을 순차적으로 진행한다. 그런데 중학생이 되면 아라비아 숫자가 아니라 알려지지 않은 수, 다시 말해 미지수라는 개념을 배운다. 처음에는 네모 상자나 동그라미 등 익숙한 도형으로 미지수를 표시하다가, 나중에는 x 또는 y라는 영문 알파벳을 쓰기 시작한다. 값이 정해진 아라비아 수가 아니라 알려지지 않은 수를 표현하는 것이다. 알려지지 않은 수, 즉 미지수라는 개념은 학생들에게 새롭고도 큰 충격으로 다가온다. 이때 수포자가 가장 많이 발생한다.

순차적 계산 $2+3=?$
미지수 계산 $\bigcirc+3=5$

이전에는 2에 3을 더하면 얼마가 되는지 물었다면, 이제는 거꾸로 어떤 수에 3을 더해야 5가 되는지를 묻는 것이다. 초등학생일 때 하던 대로 순차적인 연산이 불가능한 상황이다. 미지수의 등장은 사고의 전환을 요구한다. 순차적이 아니어도, 거꾸로도 연산할 줄 알아야 하는 것이다.

물론 학교에서는 미지수의 개념을 몰라도 정답은 구할 수 있도록 친절하게 기계적인 연산 방법을 가르쳐준다. 위 식에서 +3의 부호를 −로 바꾼 다음 등호의 반대쪽으로 이동시켜 $\bigcirc=5-3$과 같이 만들면 순차적인 연산이 가능하다고 계산 요령을 알려주는 것이다. 이 요령만 익히면, 왜 그래야 하는지 이해하지 못하더라도 시험은 잘 볼 수 있다.

미지수는 주로 x나 y와 같은 영어 알파벳 또는 그리스 문자를 써서 나타낸다. 아라비아 수가 곧 수라고 알고 살았는데, 갑자기 문자도 수가 되는 세상과 만나면 수학이 무서워진다. 더구나 그리스 문자가 등장하는 순간, 수학은 곧 이해할 수 없는 그리스어가 되고 만다. 많은 철학자와 시인을 배출한 그리스는 우리뿐만 아니라 서양 사람들에게도 난해함의 상징이

지하철 출구   승강장

다. 영어에서도 도저히 이해할 수 없는 것을 "그리스 말처럼 들려It's Greek to me"라고 표현할 정도다. 똑같은 수식이라도 영어 알파벳이 아닌 그리스어 알파벳으로 쓰면 왠지 있어 보이고 더 어려워 보인다.

$$x+3=5$$
$$\zeta+3=5$$

그리스에 가면 가게 간판들이 모두 그리스 알파벳으로 되어 있어서, 언뜻 보면 복잡한 수식처럼 보이고 왠지 풀어야 할 것 같은 압박감을 느낀다. 하지만 이 문자들은 그리스 사람들이 살아가면서 쓰는 문자일 뿐이다. 그러니 수식에 그리스 문자가 나오더라도 겁먹지 말라! 아라비아 숫자로 표현된 수이건 영어나 그리스어 알파벳으로 표현된 미지수이건, 하나의 수를 대신할 뿐이다.

알파벳 문자

문자는 수식에서 미지수뿐 아니라 각종 상수를 대신한다. 영문 알파벳 중에서 A는 넓이area, L은 길이length, D는 지름diameter, t는 시간time을 나타내곤 한다. 영문 알파벳이 26자니까 대문자와 소문자를 구별하면 52개가 되는데, 이것도 모자라서 그리스 문자까지 동원하여 θ(쎄타)나 φ(파이)는 각도, ρ(로)는 밀도, δ(델타)는 작은 길이, ω(오메가)는 각속도를 나타낼 때 종종 쓰인다.

하지만 세상에는 물리량 변수가 워낙 많기 때문에 그리스 문자까지 동원해도 부족한 건 여전하다. 그래서 학문 분야에 따라 같은 문자를 서로 다른 의미로 쓰는 경우도 많다. 예를 들어 기하학에서 R은 반지름을 나타내는 변수로 쓰이지만, 열역학에서는 기체상수를 나타낸다. 또 높이를 나타내거나 열전달 계수를 나타낼 때 쓰이는 h는 물리학에서 플랑크 상수를 나타내기도 한다. 우리나라 한글 알파벳인 ㄱ, ㄴ, ㄷ도 수식에 사용될 날이 언젠가 올지 모르겠다. 길이를 나타내는 'ㄱ', 넓이를 나타내는 'ㄴ', 폭을 나타내는 'ㅍ'과 같이 말이다. 직사각형의 넓이를 구하는 공식은 길이 곱하기 폭이므로 다음과 같이 쓸 수 있겠다.

$$ㄴ = ㄱ \times ㅍ$$

미지수를 나타낼 때 영문자 x를 흔히 쓰는데, 이는 과거에 인쇄소에서 다른 알파벳에 비해 x의 사용 빈도가 낮아 많이 남아돌았기 때문이라 한다. y는 사용 빈도가 x보다는 조금 높지만 x 뒤에 있다가 얼떨결에 미지수로 쓰이게 됐다. 일상에서도 x는 미지와 관련된 것을 명명할 때 종종 쓰이곤 한다. 'X파일'은 미국 FBI의 해결되지 않는 미지의 사건 기록을 말하고, 'X세대'는 예측이 불가능한 미지의 세대를 가리킨다.

문자		이름	문자		이름
A	α	알파Alpha	N	ν	누 Nu
B	β	베타Beta	Ξ	ξ	크사이 Xi
Γ	γ	감마Gamma	O	o	오미크로로Omicron
Δ	δ	델타Delta	Π	π	파이 Pi
E	ε	입실론 Epsilon	P	ρ	로 Rho
Z	ζ	제타Zeta	Σ	σ	시그마Sigma
H	η	에타Eta	T	τ	타우 Tau
Θ	θ	쎄타Theta	Y	υ	업실론 Upsilon
I	ι	이오타Iota	Φ	φ	화이 Phi
K	κ	카파Kappa	X	χ	카이 Chi
Λ	λ	람다Lambda	Ψ	ψ	프사이 Psi
M	μ	뮤 Mu	Ω	ω	오메가Omega

문자		뜻	문자		뜻
A	a	넓이area , 가속도acceleration	N	n	수number
B	b	자기장magnetic , 폭 breadth	O	o	제로 zero , 원점 origin
C	c	상수constant , 광속 light speed	P	p	압력pressure , 확률probability
D	d	지름diameter , 확산diffusion	Q	q	열량quantity of heat , 전기량electricity
E	e	오일러 상수Euler const	R	r	반지름radius , 기체상수gas const
F	f	함수function , 힘force	S	s	엔트로피entropy , 속력speed
G	g	중력가속도gravity	T	t	시간time , 온도 temperature
H	h	높이 height , 플랑크 상수Planck const	U	u	내부에너지 internal energy
I	i	허수imaginary , 전류current	V	v	속도 velocity , 부피volume
J	j	인덱스index , 플럭스flux	W	w	일 work , 무게weight
K	k	스프링 상수spring const	X	x	미지수unknown
L	l	길이 length , 양력lift	Y	y	미지수unknown
M	m	질량mass , 분자량molecular	Z	z	미지수unknown

상수와 변수

수식에서 사용되는 영문자나 그리스 문자는 상수와 변수로 나뉜다. 상수는 정수이건 무리수이건 고정된 값으로 미리 주어지므로 크게 신경 쓸 필요가 없다. 문제는 변수다. 변수는 값이 고정되지 않아 변동될 수 있는 수다. '조건으로 주어지는 변수'는 독립변수, '결과로 얻어지는 변수'는 종속변수라 한다. 아래 수식을 보자. 독립변수 R이 바뀌면 종속변수 A도 달라진다. 또는 R이 정해지면 A가 결정된다. 여기서 π는 절대상수다.

$$A=\pi R^2$$

문자로 표시되는 수식에서 상수와 변수는 역할이 서로 바뀔 수 있다. 어떤 것을 변화시키면서 관찰할 것인가에 따라서 상수가 변수가 되기도 하고 변수가 상수가 되기도 한다.

다음의 그림과 같은 직사각형의 넓이 A를 구하려면 가로의 길이 a와 세로의 길이 b를 구하면 된다. b는 그대로일 때 a가 변화함에 따라서 넓이가 얼마나 변화하는지 관찰한다면 종속변수 A에 대해서 a가 독립변수, b는 상수가 되며, 반대로 가로 a가 변하지 않을 때 세로 b가 변화함에 따라

$$A=ab$$

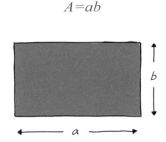

넓이가 어떻게 변화하는지 관찰한다면 b가 독립변수, a가 상수가 된다.

이를 말이나 글이 아니라 수식으로 표현하면 더 간단하다. 가로 a를 변수로 생각하는 경우에는 $A(a)=ab$로 표현하고, 세로 b를 변수로 생각할 때는 $A(b)=ab$로 표현한다. 이때 변수가 되는 a나 b 대신 x를 써서 $A(x)=bx$ 또는 $A(x)=ax$와 같이 표현하면 미지 변수를 좀 더 확실하게 나타낼 수 있다.

같은 알파벳이라도 소문자는 변수, 대문자는 상수로 쓰이곤 한다. 반지름이 R인 원통 안의 선형적인 온도 분포 T를 나타내려고 할 때, 중심($r=0$)에서 100℃, 표면($r=R$)에서 0℃라고 하면 다음과 같이 표현한다.

$$T(r)=100\left(1-\frac{r}{R}\right)$$

여기서 소문자 r은 중심으로부터의 거리를 나타내는 독립변수로 쓰였고, 대문자 R은 원통의 반지름을 나타내는 상수로 쓰였다. 변수가 여러 개 나오고 수식이 복잡해지면 주어진 문자들이 상수인지 변수인지 구별하기가 어려울 때도 있다. 수식에서 상수와 변수만 구별해도 많은 것을 파악할 수 있다.

절대상수

원의 둘레 상수 π

그리스 문자나 영문자 중에서 몇몇은 절대적인 수학 상수를 나타내는 기호로 사용된다. 대표적인 예가 원주율 π다. π는 영문자로는 p에 해당하며, 원둘레와 지름의 비로 정의된다. 옛날 사람들이 π 값을 알기 위해 어떤 방법들을 썼는지 생각해보는 것도 재미있다.

π는 3.141592…와 같이 끝없이 이어지는 무리수다. 일부 수학 마니아들 중에는 컴퓨터를 사용해 π를 소수점 이하 몇만 자리까지 계산하는 사람도 있다. 하지만 이는 어디까지나 마니아들의 이야기이고, 실생활이나 대부분의 공학 문제에서는 유효숫자 서너 자리면 충분하다. 심지어 스웨덴에서는 초등학교 때 π를 3이라고 가르친다. 3.14와 큰 차이가 난다고 생각하는 사람도 있겠지만, 공학적 관점에서 보면 사실 오차는 5퍼센트 이내에 불과하다. 스웨덴에서는 소수점 이하 유효숫자에 신경 쓰기보다는 자릿수가 잘못되지 않도록 하는 것이 더 중요하다고 가르치는 것이다.

엔지니어가 가장 좋아하는 상수 e

공학에서 가장 자주 등장하는 영문자는 e다. e를 모르면 공학을 얘기할 수 없다고 해도 과언이 아니다. e는 스위스의 수학자 레온하르트 오일러Leonhard Euler의 영문 이름에서 따온 것으로, 오일러 상수라고 한다. 또 스코틀랜드의 수학자 존 네이피어John Napier를 기려 네이피어 상수라고도 한다. 1618년 존 네이피어에 의해 발간된 로그표에서 e가 계산된 최초의 기록이 발견되었기 때문이다.

e는 2.71828…의 값을 갖는 무리수다. 대부분의 수열은 n이 무한으로 가면 $a_n=n^2$처럼 무한대가 되거나 $a_n=\dfrac{1}{n+1}$처럼 영에 접근하는데, 신기하게도 $a_n=\left(1+\dfrac{1}{n}\right)^n$이라는 수열은 n이 점점 커지면 계속 증가하다가 어느 특정한 값에 수렴한다. n에 1부터 대입해 계산해보면 $(1+1)^1=2$가 되고, n이 2면 $(1+0.5)^2=2.25$가 된다. 10일 때 $(1+0.1)^{10}=2.59$, 100일 때 $(1+0.01)^{100}=2.70$이다. n 값이 커질수록 특정수 2.71828…에 점점 가까

워지는 것이다.

이 수열식은 복리 계산식과 비슷하므로, 이를 은행 복리와 연관시켜서 생각해보자. 1원을 연이율 100퍼센트로 은행에 맡기면 1년 후 2원이 된다. 만약 1년을 둘로 나누어 6개월에 50퍼센트씩, 1년에 두 차례 복리로 이자를 주는 은행이 있다면 $(1+0.5)^2=2.25$원이 된다. 즉 수열 $a_n=\left(1+\dfrac{1}{n}\right)^n$에서 $n=2$인 것과 같다. 복리계산이기 때문에 1년에 한 차례 100퍼센트 주는 경우보다 0.25원이 많다.

1년을 열두 달로 쪼개서 한 달에 한 번씩 이자를 주는 경우를 복리 계산하면 $\left(1+\dfrac{1}{12}\right)^{12}=2.61$원이고, 365일로 쪼개서 매일 이자를 주는 경우를 복리 계산하면 $\left(1+\dfrac{1}{365}\right)^{365}=2.71$원이 된다. 잘게 쪼갤수록 원리금이 많아진다. 하지만 더 잘게 나누어, 초 단위(이 경우는 $n=365\times24\times3600$) 또는 그 이하로 쪼개더라도 원리금은 더 이상 늘어나지 않고 2.718원에 수렴한다. 이 값이 e다.

수열의 극한값이 무한대로 가거나 영으로 수렴하지 않고 하나의 무리수로 수렴하다니, 신기할 뿐이다. 이런 재미있는 성질 때문에 e는 엔지니어나 과학자에게 많은 사랑을 받는다.

아름다운 상수 φ

가장 조화롭고 아름다운 비율을 황금비라고 한다. 수학적으로 아름답다고 하는데, 수학자들만 좋아하는 수는 아니다. 실제로 황금비를 활용한 사물을 보면 사람들은 시각적 조화로움과 안정감을 느낀다고 한다.

황금비를 나타내기 위해 그리스 문자 φ(파이)가 쓰인다. 황금비는 자연

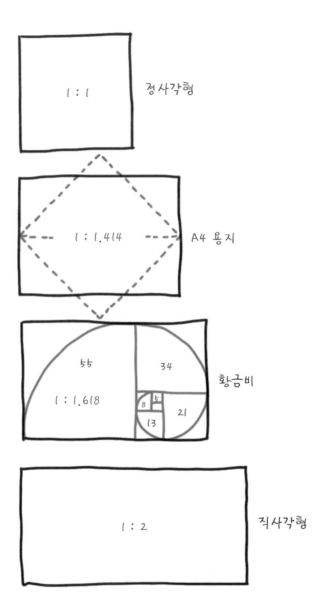

정사각형

1 : 1

A4 용지

1 : 1.414

황금비

55
34
1 : 1.618
8
5
21
13

직사각형

1 : 2

계 곳곳에서 발견되며 건축물을 설계할 때도 적용된다. 황금비 또는 황금분할은 어떤 두 수(a와 b, a>b)의 비율(a/b)이 두 수의 합(a+b)과 두 수 중 큰 수(a)의 비율과 같도록 하는 비율로, 약 1.618의 값을 갖는 무리수다. 이 내용을 수식으로 표현하면 $\dfrac{a}{b}=\dfrac{a+b}{a}=\varphi$와 같다. 이 식을 정리하면 $\varphi^2=\varphi+1$이 되므로, 엄밀하게 계산하면 φ의 값은 $\dfrac{\sqrt{5}+1}{2}=1.618\cdots$이다.

옆의 그림은 황금비율을 다른 직사각형과 비교한 그림이다. 황금비율은 2의 제곱근(1.414…)보다 크고 2보다 작다. 참고로 A4 용지는 $1:\sqrt{2}$이므로 반으로 접어도 여전히 같은 비율을 갖는다.

유효숫자

공학에 등장하는 숫자는 대부분의 경우 실제 물리량을 나타내기 때문에 단위를 가지고 있다. 또 실제 측정값은 수학에서 쓰는 상수와 달리 모두 오차를 포함하고 있다. 측정값으로 계산하여 얻은 계산값도 마찬가지다. 따라서 공학에서 쓰이는 숫자는 항상 유효숫자를 고려해야 한다.

유효숫자란 어떤 데이터에서 신뢰할 수 있는 자릿수를 말한다. 그러므로 유효숫자의 개수는 데이터의 정확도를 나타낸다고 할 수 있다. 예를 들어 1.2는 유효숫자가 두 자리이며 1.20은 세 자리다. 1.2와 1.20은 수학적으로는 같은 값이지만 공학적으로는 다른 의미를 갖는다. 1.2는 1.2±0.05로 1.15≤1.2<1.25의 값을 갖고, 1.20은 1.20±0.005로 1.195≤1.2<1.205의 값을 갖는다. 따라서 1.2보다 1.20이 더 정확한 값을 표현한다. 다시 말해 유효숫자는 참값에 대한 확신 범위를 나타낸다.

공학 연산에서는 항상 유효숫자를 고려해야 한다. 예를 들어 1.2+0.1111=1.3111이 아니라 1.3이다. 두 개의 수를 더할 때 한 숫자가 정확해도 다른 숫자가 부정확하면 결과 값은 부정확한 값을 따른다는 얘기다. 몸무게가 80킬로그램인 사람이 5그램짜리 사탕을 들고 있다면 수학적 관점에서 총 무게는 80.005킬로그램이다. 그렇지만 공학적 관점에서는 여전히 80킬로그램이라고 해야 한다. 80킬로그램이란 숫자가 이미 사탕 무게보다 훨씬 큰 오차를 포함하고 있기 때문이다.

대부분의 공학 계산에서는 보통 세 자리 정도의 유효숫자를 사용하고, 좀 더 정확한 값이 필요하다고 해도 네 자리면 충분하다. 유효숫자가 세 자리면 1퍼센트, 네 자리면 0.1퍼센트 이내의 정확도를 가지므로 꽤 정확한 편이다. 일상생활에서도 보통 두 자리 또는 세 자리를 써서, 몸무게는 79킬로그램, 키는 174센티미터와 같이 말하는 것으로 충분하다.

3
수식

　수와 문자 그리고 각종 기호를 써서 수학적 관계를 나타내는 문장(식)을 수식이라고 한다. 수식에는 등식, 부등식, 논리식 등이 있으며, 상수와 변수 말고도 연산기호, 집합기호, 논리기호 등이 사용된다.

등호

　수식에서 가장 중요한 기호는 단연 =, 즉 등호다. 부등식 형태로 주어지는 수식도 있으나, 대부분은 등식이다. 부등식조차 등식처럼 취급해도 상관없다. 등호는 누구나 알고 있듯이 좌변과 우변이 같다는 뜻이다. 수식 A=B는 A와 B가 대등하다, 또는 동등하다는 의미를 갖는다.

	기호	의미		기호	의미
상수	e	오일러 상수	**연산자**	$\sum$	급수
	π	원주율		$\prod$	곱집합
	∞	무한		$'$	미분
	i	허수		∂	편미분
등호	$=$	같다		∇	델(벡터 미분연산자)
	$\neq$	같지 않다		$\triangle$	라플라스($\nabla \cdot \nabla$)
	$\approx$	근사하다		$\int$	적분
	$\equiv$	합동이다		$\iint$	이중적분
	$\propto$	비례한다		$\oint$	폐곡선 적분
부등호	$<$	작다		$\lim$	극한
	$>$	크다	**집합**	$\in$	원소이다
	$\leq$	같거나 작다		$\notin$	원소가 아니다
	$\geq$	같거나 크다		$\subseteq$	부분집합
	$\ll$	훨씬 작다		$\subset$	진부분집합
	$\gg$	훨씬 크다		$\cap$	교집합
연산	$+$	더하기		$\cup$	합집합
	$-$	빼기	**논리**	$\exists$	존재한다 exist
	$\div$	나누기		$\forall$	임의의 for any
	$\times$	곱하기, 벡터 외적		$\| .. \|$	놈 norm, 크기
	$\cdot$	벡터 내적		$\|$	합, 불 논리
	$\otimes$	텐서 곱		$\therefore$	따라서 therefore
	$\|\,\|$	절대값		$\because$	왜냐하면 because
	$!$	팩토리얼(계승)		eg	예를 들면 for example
	$\sqrt{}$	제곱근		$i.e.$	바꾸어 말하면 that is

그런데 실제로는 용도에 따라서 미세하게 다른 의미로 해석할 수 있다. 첫째, 등호는 복잡한 수식을 단계별로 유도하거나 전개할 때 A가 B와 같이 정리된다, 또는 변형된다는 의미로 사용된다. 연산을 할 때 수식을 간단히 하거나 원하는 형태로 바꿀 때 가장 많이 사용된다. 좌우변이 동등하되, 큰 의미 없이 표현 형태를 바꾸는 경우라고 할 수 있다. 어쩌면 등호(=)보다는 한쪽 방향으로 된 화살표(⇒)가 더 적합할 수도 있다.

$$x^2+2x+3 \Rightarrow x^2+2x+(1+2)$$
$$\Rightarrow (x^2+2x+1)+2$$
$$\Rightarrow (x+1)^2+2$$

둘째, 몇 개의 변수로 이루어진 수식 덩어리를 새로운 기호로 바꿔서 표시하거나 특정 기호를 정의하기 위해 등호가 사용되기도 한다. 복잡한 수식 덩어리가 나올 때마다 이를 반복해서 쓰는 것이 번거롭기 때문에 하나의 기호로 대체해서 간단하게 표기한다. 이렇게 하면 복잡한 수식의 구조를 쉽게 파악할 수 있다. 이때 A를 B로 정의한다는 의미에서, 일반적인 막대기 두 개짜리 등호가 아니라 세 개짜리 등호(≡)로 표시하기도 한다. 예를 들어 $X \equiv \dfrac{x}{L}$ 로 정의하고, 다음처럼 정리하는 것이다.

$$y = \frac{x^2}{L^2} + \frac{2x}{L} + 3$$
$$= X^2 + 2X + 3$$

셋째, 컴퓨터 프로그램에서 사용되는 등호는 또 다른 의미를 갖는다. 프로그램에서 A=B라고 하면, 좌변에 있는 변수 A에 우변에 있는 B의 값을 대치한다는 의미다. 다시 말해 A에 할당된 메모리에 B에 들어 있는 값이 저장된다. 컴퓨터 코드 중에 종종 나타나는 $I = I + 1$은 현재 메모리 I에 들어 있는 값에 1을 더한 값을 다시 그 메모리에 저장하라는 의미로서, I라는 변수는 1씩 늘어난다. 하지만 수학적으로는 말이 되지 않는다. I와 $I + 1$이 같다니! 이런 경우는 왼쪽을 향하는 화살표를 써서 $I \Leftarrow I + 1$이라는 의미로 해석한다.

마지막으로, 등호는 근삿값을 표현하는 데 쓰인다. 동등하다는 의미보다는 근사하다, 즉 비슷하다는 의미다. 수식에서 어떤 가정 아래 특정 항을 무시하거나 대략적으로 계산하는 경우처럼, 좌우변이 완벽하게 같다고 얘기하기 어려울 때 등호 대신 $\approx$나 $\simeq$ 기호를 쓴다.

따라서 등식을 무조건 같다고만 해석할 것이 아니라 동일한 수식이라도 문맥, 이 경우에는 '식맥'에 따라 어떻게 사용되었는지 이해해야 한다.

수많은 수식 중에서도 좌우변 두 개의 양을 관계 지어 서로 동등하다고 선언하는 수식은 위대한 법칙을 의미한다. 뉴턴의 법칙 $F = ma$가 의미하는 것은 무엇일까? 힘 F가 ma로 유도된다거나, ma를 F로 정의한다거나, F는 ma에 근사한다는 의미일까? 아니면 F에 ma를 저장하라는 의미일까? 이는 힘과 운동량의 변화율은 서로 '동등하다'는 개념을 의미한다. 전혀 다른 물리량이라 별개로 생각되었던 힘과 운동량의 변화율이 서로 같은 것이라는 사실을 선언한 것이다. 아인슈타인의 $E = mc^2$도 마찬가지다. 에너지라는 물리량은 질량이라는 물리량과 동등하며, 비례상수는 광속의 제곱이라는 개념을 설명하는 수식이다. 이러한 수식은 어떤 값을 계산하기보다는 자연을 이루고 있는 현상을 정리하고 핵심을 꿰뚫어 볼 수 있는 통찰을 제공하기 때문에 위대하다는 평가를 듣는다.

의미적 기호	의미	수식 예	사용
A ⟺ B	A와 B는 동등하다	$F=ma$	좌우변이 개념적으로 대등할 때
A ⟹ B	A는 B로 정리된다	$(x-2)+3=x+1$	좌변의 수식을 정리하여 다른 형태로 전개할 때
A ≡ B	A를 B로 정의한다	$X=\dfrac{x}{L}$	복잡한 문자 그룹을 하나의 기호로 나타낼 때
A ⟸ B	A에 B를 대치한다	$I=I+1$	컴퓨터 프로그램에서 새로운 값을 변수에 저장할 때
A ≈ B	A는 B로 근사된다	$\pi=3.14$	가까운 값으로 어림잡거나 가정할 때

　　수식은 등호를 중심으로 좌변과 우변으로 이루어진다. 각 변은 더하기나 빼기 기호로 연결되는데, 이렇게 연결된 각각을 항이라고 한다. 각 항은 아무리 복잡해도 결국 곱셈과 나눗셈 등으로 이루어진 변수와 숫자의 덩어리일 뿐이다. 그러므로 수식을 접하면 일단 변과 항을 확인한다. 아무리 복잡한 수식도 변과 항으로 나눠보면 몇 개의 항으로 묶을 수 있다. 이차방정식 $ax^2+bx+c=0$에 대한 근의 공식은 복잡해 보이지만 좌변은 한 개, 우변은 두 개의 항(○과 △)으로 이루어졌을 뿐이다.

$$x=\frac{-b}{2a} \pm \frac{\sqrt{b^2-4ac}}{2a}$$
$$=○ \pm △$$

차원과 단위

공학에 나오는 숫자나 변수는 모두 물리량을 나타내는 '차원'을 가지고 있기 때문에, 수식의 각 항들 역시 차원을 갖는 것으로 이해해야 한다. 여기서 차원이란 길이, 질량, 시간 등과 같은 기본적인 물리량을 의미하며, 이러한 차원을 표시하는 구체적인 척도가 바로 단위다. 시간이라는 차원에 대해서는 초, 분, 시간 등의 단위가 사용되고, 길이의 차원에는 미터, 킬로미터, 피트, 인치 등의 단위가 사용된다.

기본적으로 수식에서 좌변과 우변 그리고 모든 항은 동일한 차원뿐 아니라 동일한 단위를 가져야 한다. 이를 '수식의 동차성dimensional homogeneity'이라고 한다. 수식의 동차성을 이해하면 잘못된 수식을 쉽게 발견할 수 있다. 예를 들어 넓이 A를 구하는 식이 $A=2\pi R^2+3R$(여기서 R은 반지름)이라고 주어졌을 때, 관계를 구체적으로 따져보지 않더라도 잘못된 식이라는 것을 바로 알 수 있다. 우변의 첫째 항 $2\pi R^2$은 길이의 제곱이므로 넓이의 차원인데, 둘째 항 $3R$은 길이의 차원이므로 수식의 동차성에 어긋나기 때문이다. 이미 알고 있는 수식에서 각 항의 차원을 따져보면 쉽게 이해할 수 있을 것이다. 앞서 설명한 이차방정식 근의 공식에서도 두 개의 항, 즉 ○와 △은 같은 차원을 갖는다. 넓이와 길이, 시간과 부피, 질량과 열량, 키와 몸무게처럼 차원이 다른 물리량은 서로 더하거나 뺄 수 없다. 영어에는 '오렌지와 사과orange and apple'라는 표현이 있는데, 같은 기준을 써서 다른 것을 비교하거나 평가하는 실수를 할 때 쓰는 표현이다.

키와 몸무게를 더하면? 　$170\,cm+60\,kg=230$?
숫자도 더하고, 단위도 더하고? $10\,m+20\,cm=30\,m+cm$??

4
방정식

산수와 대수

예전에는 초등학교 때 배우는 수학을 '산수'라고 했다. 산수算數란 수를 계산한다는 뜻이다. 초등학교 산수는 기본적으로 덧셈, 뺄셈, 나눗셈, 곱셈과 같은 사칙연산 능력을 기르는 데 초점이 맞춰져 있다. 그래서 구구단을 외우고 계산을 잘하는 것이 곧 산수를 잘하는 것으로 여겨졌다. 최근에는 산수 대신 수학으로 과목명이 바뀌었고, 연산뿐 아니라 넓이나 부피 같은 공간적 개념을 다루는 기초적인 기하학과 도표나 그래프 등 자료 정리나 분석과 관련된 실용수학을 배운다.

중학교로 올라가면 대수학을 배운다. 대수代數란 '대신하는 수'라는 뜻이

37

다. 수를 대신해서 문자로 표현하는, 즉 미지수를 사용하는 수학을 말한다. 구하고자 하는 수를 미지수로 놓고, 미지수들 사이의 관계를 정리하면 미지수를 포함하는 방정식이 만들어진다.

2를 제곱하면 4가 된다는 것은 초등학교에서도 배운다. 그런데 이를 거꾸로 물어보면 대수학 문제가 된다. '어떤 수를 제곱하면 4가 되는가?' 처럼 말이다. 이를 수식으로 쓰면 $x^2=4$이고, 방정식으로 표현하면 $x^2-4=0$이 된다. 물론 이것은 가장 간단한 방정식의 예이고 대부분의 방정식의 형태는 훨씬 복잡하다. 그런데 아무리 복잡해도 방정식 내 미지수의 최고차항이 제곱이면 이차방정식, 세제곱이면 삼차방정식이다.

우리가 가장 흔하게 접하는 식으로 연립방정식이 있다. 연립방정식은 미지수가 두 개 이상이면서 서로 연립되어 있어서 하나씩 떼어내서 풀 수 없다. 다음과 같이 두 수의 합이 3이면서 차가 1인 미지수를 구하는 방정식은 각각의 식만으로는 풀 수가 없다.

$$x+y=3$$
$$x-y=1$$

이러한 연립방정식은 오래전부터 많은 사람들의 관심을 끌었다. 5세기경에 쓰인 중국의 수학책 《손자산경》에는 꿩과 토끼가 합쳐서 5마리이고 다리의 총 개수는 14개일 때 꿩과 토끼는 각각 몇 마리인가 하는 문제가 등장한다. 꿩과 토끼를 각각 x와 y라 두면 꿩의 다리는 두 개, 토끼의 다리는 네 개이므로 다음과 같은 연립방정식으로 표현할 수 있다.

$$x+y=5$$
$$2x+4y=14$$

앞에서 말로 길게 설명한 문제를 수식으로 간단하게 표현했다. 다른 문헌에는 꿩 대신 닭이 등장하여 닭雞과 토끼兎 문제, 계토산 문제라 하기도 하고, 학鶴과 거북이龜 문제라 하여 학구산 문제라 하기도 한다.

여기서 한 가지 더 짚고 넘어가야 할 부분이 있는데, 이런 연립방정식은 선형 연립방정식이라는 점이다. 미지수의 계수가 상수인 방정식을 선형 방정식이라고 한다. 사실 우리가 학교에서 배우는 대수학은 거의 모두가 선형 대수학이다. 세상에는 비선형 문제가 더 많지만, 비선형 방정식은 어렵기 때문에 학교에서 잘 가르치지 않는다. 설령 비선형 문제가 나오더라도 선형으로 단순화시켜서 해석하곤 한다.

비선형이란 아래 예와 같이 미지수들끼리 서로 곱해지거나 거듭제곱되는 항을 포함하는 경우를 가리킨다. 반면 선형은 미지수끼리 곱해지지 않는다. 선형과 비선형에 대해서는 뒤에서 더 자세히 설명할 것이다.

$$x^2+y=3$$
$$xy-y^3=1$$

선형 대수학은 미지수 사이의 선형적인 관계로부터 기본적인 연립방정식을 만든 후 이를 풀기 위한 방법을 제시한다. 이렇게 만들어진 선형 연립방정식은 종종 행렬의 형태로 표현된다. 여기서 행렬의 요소는 각 방정식의 계수가 된다. 예를 들어보자. 앞서 소개한 꿩과 토끼 문제에 관한 연립방정식을 행렬로 표현하면 다음과 같다.

$$\begin{bmatrix} 1 & 1 \\ 2 & 4 \end{bmatrix} \begin{bmatrix} x \\ y \end{bmatrix} = \begin{bmatrix} 5 \\ 14 \end{bmatrix}$$
$$[A] \quad \{X\} = \{B\}$$

여기서 $[A]=\begin{bmatrix} 1 & 1 \\ 2 & 4 \end{bmatrix}$는 계수를 나타내는 2×2 행렬이고, $\{B\}=\begin{bmatrix} 5 \\ 14 \end{bmatrix}$는 상수항에 해당하는 1×2 행렬 또는 벡터로 이해할 수 있다. 또 $\{X\}=\begin{bmatrix} x \\ y \end{bmatrix}$는 미지수 행렬(벡터)이다. 이런 형태의 행렬은 선형 대수학에서 흔히 나온다. 따라서 선형 대수학을 계속하려면 행렬 표현에 익숙해져야 한다.

연립방정식까지는 이해하겠는데, 행렬이나 벡터 표현이 나오는 선형 대수학에 들어서면서 어려워하는 학생이 많아진다. 숫자의 나열에 불과한 행렬 표현에 익숙하지 않기 때문이다. 하지만 행렬은 표현의 방식일 뿐이다. 숫자 여러 개를 묶어놓고 벡터 또는 행렬이라고 하는 확장된 수를 나타내는 것이다. 가분수나 대분수의 표현을 이해하지 못했던 초등학생 시절을 떠올려보자.

대수방정식과 미분방정식

방정식은 미지수가 특정한 값을 가질 때 비로소 만족된다. 방정식을 푼다는 것은 방정식을 만족시키는 미지수를 구한다는 뜻이다. 이렇게 구한 미지수를 방정식의 해solution 또는 답이라고 한다. 특히 다항식 등 대수식으로 표현된 것을 대수방정식이라 하며, 수학시간에 배운 이차방정식이나 연립방정식 등이 바로 대수방정식이다.

공대에 들어오면 방정식 중에서 미분이나 적분 항이 들어간 미분방정식을 배운다. 대수방정식이 미지의 '수'를 구하기 위한 방정식이라면, 미분방정식은 미지의 '함수'를 구하기 위한 방정식이다. 대수방정식이 주어진 미지수들의 관계를 나타낸 것으로서 미지수가 특정한 값을 가질 때 만족한다면, 미분방정식은 미지 함수와 도함수와의 관계를 나타낸 것으로서 미지 함수가 특정한 함수가 될 때 미분방정식을 만족한다. 즉 미분방정식의 해는 '수'가 아니라 '함수'이다.

대수방정식 $x+3=5$

미분방정식 $\dfrac{df}{dx}=2f$

대수방정식의 해는 $x=2$와 같이 특정 '수'인 반면, 미분방정식의 해는 $f(x)=ce^{2x}$와 같이 특정 '함수'이다. 여기서 상수 c는 초기 조건에 의해서 결정된다. 미분방정식의 해는 '특정한' x일 때만 미분방정식을 만족시키는 것이 아니라 항상, 다시 말해 '모든' x에 대해서 만족시켜야 한다. 따라서 하나의 값을 구하는 대수방정식보다 모든 x를 만족시키는 함수를 구하는 미분방정식이 훨씬 어렵다.

위의 미분방정식의 예에서 좌변은 도함수이고 우변은 함수의 두 배다. 이 미분방정식의 해를 구하면 $f(x)=ce^{2x}$가 되는데(어떻게 구하는지는 공대에 들어가면 배우므로 생략한다), 이 함수는 도함수가 $f'(x)=2ce^{2x}$이므로 x 값에 관계없이 전 구간에 걸쳐서 위 미분방정식 $f'(x)=2f(x)$를 만족시키는 것을 확인할 수 있다.

미분방정식도 대수방정식처럼 선형과 비선형이 있다. 함수와 도함수의 계수가 상수인 것을 선형 미분방정식이라 하고, 함수와 도함수의 곱과 같은 비선형 항이 들어 있으면 비선형 미분방정식이라고 한다. 또 미지의 함수가 여러 개 있어서 방정식이 서로 연립되어 있는 것을 연립 미분방정식이라고 한다. 단독 선형 미분방정식만도 쉽지 않기 때문에 학교에서는 일단 가장 쉬운 선형 미분방정식에 집중하고, 나중에 필요할 때 비선형

	대수방정식	미분방정식
방정식	미지수 사이의 관계	미지 함수와 도함수와의 관계
풀기	미지수, x 구하기	미지 함수, $f(x)$ 구하기
해의 형태	수치 값	함수 꼴
관련 수학	대수학	미적분 해석학
종류	단독/연립, 선형/비선형	단독/연립, 선형/비선형, 상미방/편미방
수치해법	역행렬, 소거법 등	유한차분법, 유한요소법 등

미분방정식이나 연립 미분방정식을 다룬다.

하지만 미분방정식의 풀이 방법에 관해서는 미리 걱정할 필요가 없다. 어차피 교과서에 나오는 문제를 제외하고는 손으로 풀 수 있는 문제가 거의 없을뿐더러, 미분방정식을 푸는 것보다 미분방정식을 유도하거나 주어진 미분방정식을 읽고 번역하는 과정이 훨씬 중요하기 때문이다. 아무리 복잡한 형태가 나오더라도 겁먹지 말고 무엇을 표현하려는 것인지, 어떻게 표현하고 있는지 등 표현방식을 이해하면 된다. 미분방정식의 해를 구하지 못해도 형태를 뜯어보면서 미분방정식의 의도와 특성을 파악하기만 해도 충분하다.

$$\text{비선형 미분방정식} \qquad f''' + \frac{1}{2} ff'' = 0$$

이는 $f(x)$에 관한 미분방정식인데, 독립변수가 x 하나이므로 상미분방정식이다. 또 좌변 첫째 항은 3차 도함수로 계수가 1이므로 선형이지만,

둘째 항은 함수와 2차 도함수의 곱으로 주어져 있다. 하나의 항이라도 비선형이면 비선형 방정식이 된다. 물론 $x=0$에서 함수값 $f(0)$이나 도함수 값 $f'(0)$ 등의 초기 조건이 주어져야 미분방정식을 풀 수 있겠지만, 어쨌든 미분방정식의 해인 미지 함수 f는 x의 함수 형태로 구해진다는 사실을 알 수 있다.

이처럼 독립변수가 하나인 미분방정식을 상미분방정식이라 하고, 둘 이상이면 편미분방정식이라고 한다. 변수가 하나일 때, 즉 $f=f(x)$로 주어지는 경우에 도함수는 당연히 $\dfrac{df}{dx}$를 의미하지만, 변수가 두 개일 때, 즉 $f=f(x, y)$로 주어지는 경우에는 도함수가 x로 미분한 것인지, y로 미분한 것인지 구분해야 한다. y를 고정시키고 x로 미분한 것은 d 대신 ∂(라운드디) 를 써서 $\dfrac{\partial f}{\partial x}$로 표현하고, 반대로 x를 고정시키고 y로 미분한 것은 $\dfrac{\partial f}{\partial y}$로 표현한다. 예를 들어보자. 열전달 이론에 따르면 평면상의 온도 분포가 $T(x, y)$로 주어질 때 이를 구하기 위한 열전도 방정식은 다음과 같은 선형 편미분방정식 형태가 된다.

$$\text{선형 편미분방정식} \qquad \frac{\partial^2 T}{\partial x^2} + \frac{\partial^2 T}{\partial y^2} = 0$$

위 미분방정식은 미지 함수 T에 관한 선형 미분방정식이고 최고차항이 2차다. 또 독립변수가 두 개이므로 편미분방정식이다. 즉 선형 2차 편미분방정식이다. 이 미분방정식의 해는 $T=T(x, y)$로 주어진다.

미분방정식은 공업수학의 꽃이라 해도 과언이 아니다. 공학 문제를 모델링하면 대부분 미분방정식 형태로 구해지기 때문이다. 이 과정을 수학적 모델링이라고 하며, 4부에서 자세히 설명할 것이다. 공대에서는 미분방정식이란 말을 워낙 많이 쓰기 때문에 흔히 줄여서 '미방'이라고 부른다.

　고등학교 때 미적분을 배우지만, x^2을 미분하면 $2x$가 된다거나 $\cos x$를 적분하면 $\sin x$가 된다는 식으로 미분이나 적분 '계산법'을 배울 뿐이고, 방정식에 미적분 항이 들어 있는 미분방정식에 관해서는 전혀 배우지 않는다. 다시 말해 미분을 할 줄 아는 것과 미분방정식을 풀 줄 아는 것은 전혀 다른 이야기다. 사칙연산을 할 줄 아는 것과 대수방정식을 풀 줄 아는 것이 전혀 다른 이야기인 것처럼 말이다. 즉 미분방정식을 이해한다는 것은 미분방정식의 특성을 이해하고 그 수학저 표현을 읽올 줄 안다는 뜻이다.

함수

수학을 배운 사람 중에서 함수를 모르는 사람은 없을 것이다. 하지만 함수를 잘 아는 사람도 많지 않다. 함수의 종류에는 일차함수, 이차함수, 삼각함수, 지수함수 등이 있으며 미분을 하면 어떤 형태가 되는지도 외워서 알고는 있지만, 함수 자체가 무엇인지 잘 모르거나 설명을 못하는 경우가 많다. 그래서인지 공대 신입생 면접시험에서 함수나 미분이 무엇인지 설명하라고 하면 당황하는 수험생들이 많다. 여기서는 함수의 구체적인 내용보다는 함수가 도대체 무엇인지 여러 각도에서 살펴보고자 한다.

함수란

함수函數의 함函은 작은 상자라는 뜻이다. 보석함이나 의류함, 결혼할 때 신랑집에서 신부집으로 보내는 함 같은 것을 의미한다. 따라서 함수는 상자에 들어 있는 수 또는 수를 처리하는 상자라는 의미가 담겨 있다. 이는 빈 상자가 아니라 어떤 기능을 하는 상자로, 들어온 값을 처리해서 다른 값을 만들어서 내보내는 마법의 상자다.

중학교 수학 교과서에서는 함수를 '독립변수 x가 입력될 때 종속변수 $f(x)$를 출력하는 종속관계'로 설명한다. 고등학교 수학 교과서에는 좀더 어려운 말로 설명되어 있는데, 함수를 '정의역의 각 원소를 정확히 하나의 공역 원소에 대응시키는 대응 관계'라고 설명한다. 다 맞는 얘기지만 솔직히 무슨 말인지 머리에 쏙 들어오지는 않는다. 그러니 중고등학생은 오죽하겠는가?

새로운 개념을 이해할 때 일단은 그 정의를 정확히 이해해야 한다. 그리고 좀 더 깊이 이해하려면 여러 가지 각도에서 설명한 글이나 사례를 읽고 유사한 개념, 상반된 개념, 상하위 개념 등 관련된 주변 개념과 연결시키는 것이 좋다. 각 단원별로 수학 문제를 푸는 것도 사실은 문제 푸는 것 자체가 목적이 아니라 그 개념에 대한 이해를 높이기 위한 방편일 뿐이다. 수학 시험에 나오는 문제들은 평생 다시 볼 일이 없을 것이고, 어디 쓸 일은 더더욱 없다.

함수를 마법의 상자라고 했는데, 넣어주는 숫자에 따라서 나오는 숫자가 정해지는 기계로 이해해도 좋다. 사과 한 개가 1,000원일 때 한 개 사면 1,000원, 두 개 사면 2,000원, x개를 사면 사과 값은 $1,000x$원이다.

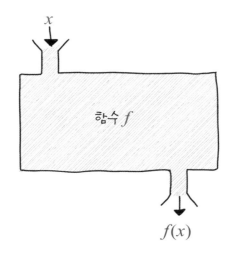

이 상자는 사과 개수 x를 넣어주면 사과 값 y가 결정되는(곱하기 1000이 되는) $f(x)=1000x$라는 기계다. 가루 만드는 분쇄기에 쌀을 넣으면 쌀가루가 나오고 콩을 넣으면 콩가루가 나오는 것과 마찬가지다.

다시 말해 함수는 수학 교과서에서 설명한 바와 같이 x, y라고 하는 두 변수 사이의 관계를 설명하는 것이다. 이를 원인과 결과로 이해하면 인과관계가 되고, 주와 종의 관계로 이해하면 종속관계가 된다. 또는 대등한 두 변수 사이의 일대일 대응 관계, 즉 두 개의 짝 사이의 관계로 이해할 수도 있다. 독립변수가 종속변수가 되거나 종속변수가 독립변수가 되면서 서로 입장이 뒤바뀔 수도 있기 때문이다. 어쨌든 함수란 두 변수 사이의 대응 관계로 이해하면 된다.

함수를 $y=f(x)$라고 쓰니까 함수를 방정식으로 혼동하는 경우가 있는데, 여기서 y는 $f(x)$와 같다는 뜻이 아니라 x의 함수값인 $f(x)$에 y라는 이름을 붙인 것뿐이다. 그런데 함수 자체가 방정식은 아니지만, 함수값에 어떤 조건이 주어지면 방정식이 된다. 예를 들어보자. 주머니에 돈이 5,000원이 있다면 사과를 몇 개까지 살 수 있을까? 이 조건을 수식으로 쓰면 $f(x)=5000$이라는 방정식이 만들어진다. 다시 말해 $f(x)=1000x$라는 함수와 $f(x)=5000$이라는 방정식을 구분할 줄 알아야 한다. $f(x)=1000x$는 x와 y 두 변수가 어떤 관계인지를 보여주는 함수고, $f(x)=5000$은 함수값 y가 어느 특정 값이 되려면 입력변수 x가 얼마여야 하는지 그 해를 구하기 위한 방정식이다. 수식만 떼어놓고 보면 알 수가 없고, 그 수식이 어떻게 만들어졌는지 알아야 함수인지 방정식인지 구분할 수 있다.

수열과 함수

독립변수 x가 자연수일 때는 함수꼴로 $f(x)=1000x$라고 쓰지 않고, $f_n=1000n$(n은 자연수)이라고 쓸 수 있다. 이런 표현을 수열이라고 한다. 교과서에서 f는 함수를 나타낼 때 주로 쓰고, 수열을 표시하는 기호로는 a_n, b_n 등을 선호한다. 그 값을 나열하면 {1000, 2000, 3000, …, 1000n, …}과 같다. 변수가 자연수처럼 하나씩 똑똑 떨어지는, 어려운 말로 이산적인discrete 경우를 수열이라 하고, 변수가 끊이지 않고 연속적continous으로 이어지는 경우를 함수라고 한다.

수열에는 등차수열, 등비수열이 있다. 등차수열은 n이 증가함에 따라서 일정 '값'이 증가하고, 등비수열은 일정 '비율'로 증가한다. 이 밖에도 계차수열, 조화수열, 피보나치 수열 등 규칙성을 갖는 숫자의 열은 모두 수열이라 할 수 있다.

| 등차수열 | $\{12,\ 14,\ 16,\ 18,\ \cdots,\ 2n+10,\ \cdots\}$ |
| 등비수열 | $\{2,\ 4,\ 8,\ \cdots,\ 2^n,\ \cdots\}$ |

수열은 함수와 일대일로 대응된다. 등차수열은 일차함수에 해당하고 등비수열은 지수함수에 해당한다. 즉 함수를 수열의 연장선상에서 이해할 수 있다는 것이다. 수열에 나오는 자연수 n을 $-\infty$에서 $+\infty$까지 확장하고, $n=1,\ 2,\ 3,\ \cdots$과 같은 이산적인 값 대신 x를 촘촘하게 나누어 궁극적으로는 무리수까지 포함하는 연속적인 값으로 나타내면 수열은 곧 함수가 되는 것이다.

| 등차수열 | $\{a_n\}=\{12,\ 14,\ 16,\ 18,\ \cdots,\ 2n+10,\ \cdots\}$ |
| 일차함수 | $f(x)=2x+10$ |

| 등비수열 | $\{a_n\}=\{2,\ 4,\ 8,\ \cdots,\ 2^n,\ \cdots\}$ |
| 지수함수 | $f(x)=2^x$ |

함수관계와 상관관계

지금까지 설명한 바와 같이 함수관계는 하나의 독립변수에 대해 하나의 종속변수가 결정된다. 그런데 세상에는 이렇게 일대일로 딱딱 맞아떨어지지 않고, 하나의 독립변수에 대해 종속변수가 여러 개 있거나 넓은 범위의 값을 갖는 관계도 있다. 이렇듯, 두 개의 명제 사이에 인과관계가 주어지거나 두 변수 사이에 연관성이 있을 때 '상관관계가 있다'고 말한다. 그런가 하면 두 개의 변수 사이에 아무런 연관성이 없을 수도 있는데, 이럴 때는 '상관관계가 없다'고 말한다.

자연과학이나 공학에서 다루는 관계는 주로 함수관계다. '물체에 힘을 가하면 가속도가 발생한다'(힘과 가속도가 비례관계: 뉴턴의 법칙)거나 '이상기체에 압력을 가하면 부피는 줄어든다'(압력과 부피가 역수관계: 보일의 법칙)거나 하는 관계는 두 명제 사이의 함수관계를 설명한다. 물체에 작용하는 힘이 주어지면 가속도가 하나의 값으로 결정되고, 이상기체의 압력을 알면 부피를 결정할 수 있다는 뜻이다.

이에 비해 '여름 더위가 심하면 겨울 추위도 심하다'라는 말은 함수관계가 아니라 여름철 기온과 겨울철 기온 사이의 상관관계를 나타낸다. 여름철 기온이 결정됐다고 겨울철 기온이 유일하게 결정되는 것은 아니기 때문이다. 또 '온난화로 인해 지구의 평균온도가 매년 상승하고 있다'라는 말은 지구의 온도가 매년 증가하는 추세에 있음을 뜻하는 것이지, 온도와 연도 사이의 함수관계를 이야기하는 것은 아니다. 온난화 추세에 있더라도 기온이 내려가는 해도 있고 올라가는 해도 있다.

상관관계는 사회학이나 인문학에서 매우 광범위하게 이용된다. 예를 들어 소득과 저축률 사이의 관계에 대해 다음과 같은 질문을 던질 수 있다. '소득이 많을수록 저축을 많이 하는가? 오히려 적게 하는가? 아니면 아무런 관련이 없는가?' 똑같은 액수의 월급을 받아도 어떤 사람은 저축을 많이 하고 어떤 사람은 적게 저축한다. 상관관계가 있을 수는 있지만 함수관계라고는 할 수 없다는 말이다. '공부를 많이 하면 성적이 오른다'는 말은 또 어떤가? 공부를 많이 하면 성적이 오르는 경우가 많으므로 상관관계가 있다고 말할 수 있지만, 그렇다고 공부 시간이 유일하게 성적을 결정하는 함수관계에 있는 것은 아니다. 상관관계는 이처럼 데이터 하나하나의 의미보다는 전체 데이터가 가지는 통계적인 경향이나 추세를 나타낸다.

함수의 특성

함수에는 여러 가지가 있지만, 크게 대수함수와 초월함수로 나눌 수 있다. 대수함수는 일차함수, 이차함수, 분수함수 등과 같이 대수 연산으로 나타낼 수 있는 함수를 말하고, 초월함수는 대수적인 연산을 뛰어넘는 삼각함수, 로그함수, 지수함수 등을 말한다. 이들 기본 함수를 조합하면 다양하고 복잡한 합성함수를 만들 수 있다.

그동안 자주 등장하는 기본 함수들에 대해서 여러 가지 특성을 배우고 수많은 문제를 풀어왔다. 하지만 어떤 함수에 대해서 무엇을 알고 있나 생각해보면, 사실 알고 있는 것이 별로 없다는 것을 깨달을 것이다. 예를 들면 잘 알고 있다고 생각하는 지수함수 $y=e^x$를 살펴보자. 일단 함수값이 항상 양이라는 사실, 미분해도 적분해도 도로 같은 함수가 된다는 사실, 단순 증가한다는 사실 등, 이 함수에 대해 알고 있는 사실은 고작해야 열 개를 넘지 않는다. $x=0$일 때 $y=1$이 된다는 사실은 알지만, 그 외의 x에 대해서는 함수값을 아는 것이 없다. 물론 계산기를 두드리면 알 수 있다는 사실은 알고 있다. 그럼에도 불구하고 우리는 e^x을 알고 있다고 항변한다.

함수의 세계를 이해하려면 이들 함수에 대해서 알고 있는 몇 가지 지식을 얼마나 깊이 있게 조합하고 확장할 수 있느냐가 중요하다. 기본 함수에 대해서 잘 이해하고 있으면 이를 조합한 합성함수의 특성도 쉽게 이해할 수 있다. 여기서는 구체적인 함수의 세세한 특징보다는 일반적으로 함수를 이해하는 몇 가지 포인트를 소개하겠다.

우선 함수를 이해할 때 함수값의 증가 또는 감소 상태를 파악해야 한다. 그러므로 함수값이 증가하는지 감소하는지 정도는 감을 잡고 시작하는 것이 좋다. 온도가 올라가면 공기의 밀도가 감소한다거나 자동차 속도가 빨라지면 공기 항력이 증가한다는 것 정도는 알고 있어야 한다는 뜻이다. 얼마나 증가하고 감소하는지는 정확히 모르더라도 대체적인 경향은 파악하고 있어야 한다. 만약 예상과 반대되는 경향이 나온다면 그에 대한 의문도 가져야 한다.

단순 증가함수라도 이차함수나 지수함수처럼 증가폭이 점점 증가하는 함수가 있는가 하면, 로그함수나 제곱근함수처럼 증가폭이 점차 둔화되는 함수가 있다. 이것은 변화율의 변화율, 즉 이차 도함수라 한다. 이차 도함수가 양이면 아래로 볼록한 그래프가 되기 때문에 증가함수는 폭발적으로 증가하고 감소함수는 감소폭이 둔화된다. 반대로 이차 도함수가 음이면 증가함수는 증가세가 둔화되고 감소함수는 나락으로 떨어진다. 단순 함수 중에서도 가장 기본적인 선형함수, 지수함수, 멱함수(거듭제곱 함수)에 대해서는 3부에서 상세하게 다룰 것이다.

단순히 증가하거나 감소하지 않고 제멋대로 증가하거나 감소하는 함수도 있다. 이런 함수에 대해서는 증가 구간과 감소 구간을 나누어 구간별로 따로 다루거나 그때그때 상황에 맞게 대처하면 된다. 또 주기적으로 변동하는 삼각함수에 대해서는 증가나 감소 경향을 파악하기보다는 반복되는 주기와 진동하는 진폭을 살펴봐야 한다.

한편 함수를 이해하는 데 큰 도움을 주는 것이 점근선이다. 증가하거나 감소하면서 함수값이 무한대로 커지거나 작아지는 경우도 있지만, 어느 특정값으로 향하기도 한다. x 값이 증가함에 따라 y 값이 특정한 값에 수렴한다거나 x 값이 특정값에 접근하면 y 값이 무한대가 되는 경우가 그렇다. 점근선도 다양해서 x축이나 y축에 나란한 점근선이 있고, $x-y$로 이루어진 직선식이 점근선 역할을 하는 경우도 있다.

지금까지 단변수 함수, 즉 독립변수가 하나인 $f(x)$에 대해서 살펴보았는데, 독립 변수가 여러 개인 경우도 많다. 독립변수가 두 개인 경우를 이변수 함수, 여러 개인 경우를 다변수 함수라고 한다. 당연히 변수가 많아지면 복잡하고 어려워진다. 너무 복잡하면 다루기 어려워지므로 보통 변수가 두 개인 이변수 함수 $f(x, y)$ 정도까지 다룬다. 만약 변수가 두 개 이상이라면 한꺼번에 접근하지 않고 하나씩 접근한다. 다른 변수들은 모두

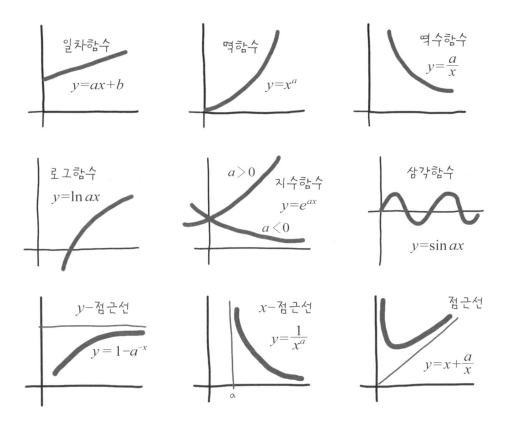

고정시킨 상태에서 한 변수에 의한 영향을 파악하고 난 후 또 다른 변수에 대해서 같은 방법으로 접근하는 식이다.

함수는 수학 용어지만, 공대에서는 함수를 컴퓨터 라이브러리 정도로 인식한다. C와 같은 컴퓨터 언어나 엑셀과 같은 소프트웨어에는 자체적인 함수 루틴들이 내장되어 있다. 함수값을 알고 싶으면 계산기를 두드리듯 해당 함수를 호출하면 되는 것이다. 계산기 버튼을 두드릴 때나 프로그램의 함수를 호출할 때는 함수가 수학적으로 복잡하건 간단하건, 어렵건 쉽건 아무런 문제가 되지 않는다. 함수값을 내보내는 마법 상자의 이름만 알고 있으면 언제라도 함수값을 구할 수 있기 때문이다. 그런 의미에서 생전 들어보지도 못한 이름의 함수가 등장하더라도 겁먹을 필요는 없다. 물론 해당 함수의 전반적인 특성에 대해서는 알고 있어야 하겠지만 말이다.

6
그래프

도표table는 결과를 수치적으로 보여주는 반면, 그래프graph는 시각적으로 보여주므로 복잡한 수식과 많은 데이터를 한눈에 알아보기 쉽도록 해준다. 넓은 의미에서 그래프는 흐름도, 구조도, 계층도를 비롯해 심지어 회로도나 지도까지도 포함하지만, 여기서는 막대그래프, 꺾은선 그래프, 산포도 등 좌표상에서 표현되는 전형적인 $x-y$ 그래프에 관하여 설명한다.

17세기 프랑스의 철학자이자 과학자인 르네 데카르트René Descartes는 좌표의 개념을 고안해 수식을 다루는 대수학과 도형을 다루는 기하학을 연결시키는 위대한 업적을 남겼다. 그래서 데카르트의 업적을 기리기 위해 $x-y$ 좌표계를 카테시안 좌표계Cartesian coordinate라고 부른다.

원래 대수학은 수와 수식에 관한 것으로서, 시각적인 것과는 무관하게 머릿속에서 관념적으로 이루어진다. 그런데 좌표계 덕분에 함수를 x축과 y축으로 이루어진 $x-y$ 공간상에서 시각적으로 이해할 수 있게 되었다.

그런가 하면 기하학은 수치적 표현과는 무관하게 공간에 존재하는 도형과 형상에 관한 것으로서 시각적으로 이해된다. 좌표계가 발명되기 전에는 공간적인 위치를 손가락으로 가리킬 수밖에 없었지만, 좌표계가 발명되자 정확하게 숫자로 표현할 수 있게 되었다.

좌표계가 등장하면서 기하학의 영역인 도형의 위치를 좌표로 표현해 대수학적으로 기술할 수 있게 되었고, 대수학의 영역에 있는 함수식을 $x-y$ 그래프에 표현함으로써 시각적으로 해석할 수 있게 되었다. 다시 말해 셈의 학문인 대수학과 꼴의 학문인 기하학을 연결해준 것이 좌표계인 것이다. 또한 그래프는 통계 데이터를 표현하는 도구로도 사용되므로 그래프는 대수학과 기하학 그리고 통계학을 연결하는 역할을 하고 있다.

막대그래프

초등학생이 되면 처음으로 가장 단순한 형태의 막대그래프를 만나게 된다. 막대그래프는 사물의 양을 막대의 길이로 나타내는데, 수평 방향인 x축에는 개별 항목을, 수직 방향인 y축에는 함수값을 표시한다. x축에 표시된 개별 항목은 연속적인 변수가 아니므로 x축 항목의 순서가 바뀌어도 별 상관이 없다. 물론 그래프를 90도 돌려서 수직 방향에 개별 항목을, 수평 방향에 함수값을 표현하기도 한다.

다음 그림은 학생들의 키를 나타낸 막대그래프다. x축에 학생 이름, y축에 키를 표시함으로써 시각적으로 학생들의 키를 비교할 수 있다. 실

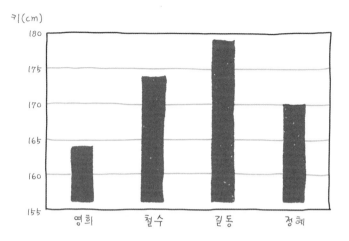

제로 서 있는 학생들의 키와 수직 막대의 길이를 일대일 대응시킬 수 있어서 이해하기 쉽다.

학년이 올라갈수록 그래프가 다양해지고 복잡해지면서 그래프에 대해 이해하기를 포기하는 포기하는 학생들이 생긴다. 그 유형에는 몇 가지가 있다.

첫째, 실제 크기와 그래프의 막대 길이를 연결시키지 못하는 경우다. 예를 들어 위 그래프에서 키 대신 몸무게를 표시했을 때 몸이 무거운 것과 막대가 긴 것의 연결 고리를 놓치는 경우다. 또 키 대신 달리기 속도를 표시한다면 빠른 것과 긴 것 또는 빠른 것과 멀리 있는 것을 구별하지 못하는 경우가 생긴다. 그래프 공간과 변수 공간을 혼동하는 셈이다.

둘째, y축의 최대−최소 범위를 고려하지 않은 채 그래프의 막대 길이와 실제 크기가 정비례한다고 판단하는 경우다. y축이 0부터 시작하면 막대의 길이로 상대비교가 가능하다. 하지만 위의 그림처럼 키 차이를 확대해서 비교하려면 y축 범위를 조정하는 경우가 있다. y축의 범위를 155센티미터부터 180센티미터까지로 축소했는데, 이런 사실을 감안하지 않고 그래프의 막대 길이만 보면 학생들의 키가 무려 두 배 이상 차이 나는 것으로 오해하는 경우가 있다. 즉 축척의 오류다.

그 밖에 x축과 y축에 나타난 변수 공간과 실제 지도와 같은 현실 공간의 x-y 좌표를 혼동하는 경우가 있다. 변수 공간에서 x축은 독립변수, y축은 종속변수를 표시하지만, 현실 공간에서 x축은 동서, y축은 남북 방향, 또는 x축은 좌우, y축은 아래위와 같은 실제 방향을 의미하기 때문에 이를 혼동하기 쉽다. 변수 공간과 현실 공간을 구별하지 못하는 경우다.

선 그래프

막대그래프는 과학적인 결과를 나타내기에는 형태가 너무 단순하고 표현이 제한적이다. 그래서 공학 분야에서는 변화 과정을 연속적으로 보여줄 수 있는 선 그래프를 선호한다. 꺾은선 그래프는 데이터 점들을 직선으로 이어 그린 것으로, 시간의 변화와 같이 연속적으로 변화하는 양에 따른 결과 데이터를 표시할 때 매우 유용하다. 데이터의 증감이나 기울기 등 전체적인 변화 상태를 한눈에 파악할 수 있고, 여러 개의 함수나 데이터를 중첩해서 그리면 서로 비교하기도 좋다.

데이터 점을 개별적인 표식이나 이들을 연결하는 직선으로 그리기도 하고, 표식과 직선을 함께 그리기도 한다. 연결선이 직선이면 데이터 점을 지나면서 꺾은선의 형태로 나타난다. 꺾어진 선을 부드럽게 보이게 하려면 데이터 점 사이를 직선이 아닌 스플라인spline 곡선으로 연결한다. 스

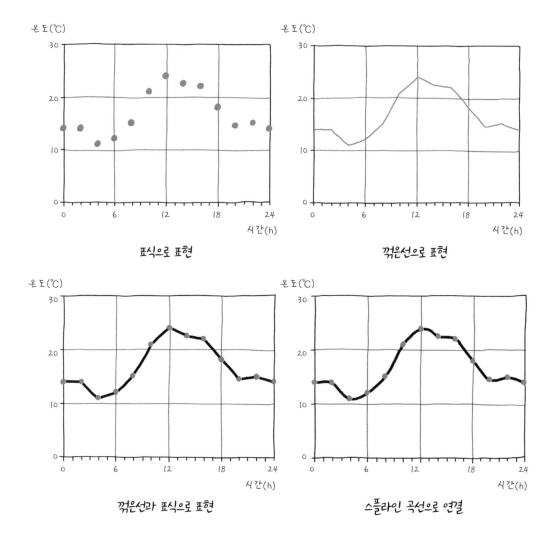

표식으로 표현

꺾은선으로 표현

꺾은선과 표식으로 표현

스플라인 곡선으로 연결

플라인이란 원래 임의의 자유곡선을 부드럽게 그리기 위한 곡선자를 말하는데, 연한 금속이나 플라스틱으로 만들어 잘 휘어진다. 스플라인 곡선이란 여러 점을 통과하는 부드러운 곡선을 말하며, 각 구간마다 별도의 다항식을 써서 부드럽게 연결한다.

그래프를 예쁘게 그리는 것도 공대생이 갖춰야 하는 기술 중 하나다. 잘 그려진 그래프는 데이터가 보기 좋게 표현되어 결과를 한눈에 파악할 수 있도록 해준다. 엑셀을 이용하면 다양한 그래프 표현법을 익힐 수 있으니, 꾸준히 연습해서 숙달해놓으면 좋다.

좌표축의 범위는 데이터를 모두 포함할 수 있도록 충분히 넓게 설정하되, 너무 넓지 않아서 전체적으로 데이터 점과 곡선이 그래프 중앙에 꽉 차도록 그리는 것이 좋다. 축의 최댓값과 최솟값은 가급적 2나 5 또는 10의 배수가 되도록 하고, 눈금 마크는 축 전체 범위를 적당한 크기로 나눌 수 있도록 잡는다. 선이 여러 개 필요하거나 데이터 점이 중첩될 때는 서로 다른 종류의 선과 표식을 쓰고, 범례를 실어서 보는 이가 쉽게 구분할 수 있도록 해야 한다. 교과서에 나오는 잘 그린 그래프들을 유심히 관찰하면 도움이 될 것이다.

대부분의 그래프는 독립변수를 x축에, 종속변수 또는 측정 결과를 y축에 표시한다. 물론 x축과 y축을 바꾸는 경우도 종종 있다. 축은 대부분 선

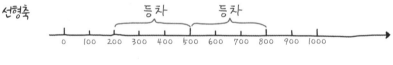

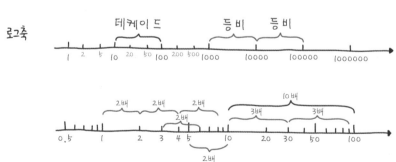

형 간격의 축을 사용하지만, 필요한 경우에는 로그 축을 사용하기도 한다. 특히 변수가 넓은 범위에 걸쳐 있는 경우나 작은 값과 큰 값을 동시에 표시하기 어려울 때 사용한다. 눈금 간격이 일정하면 선형 축에서는 등차(일정한 차이)를 의미하고, 로그 축에서는 등비(일정한 비율)를 의미한다. 보통 10배를 기준으로 표시하며 10배가 되는 한 구간을 데케이드decade라 한다. 데케이드는 같은 간격을 유지하며 하나의 데케이드 내에는 1에서 2까지의 간격, 2에서 4까지의 간격, 5에서 10까지의 간격이 각각 두 배씩이므로 모두 같다. 또 2에서 5까지의 거리는 2.5배로 이보다 약간 멀다. 로그 눈금을 간략히 그릴 때는 통상 하나의 데케이드를 대략 3등분해서 1과 10 사이에 2와 5를 잡는다.

로그 축을 이용하면 넓은 범위의 데이터를 표시하는 데 편리해 자주 쓰인다. x축과 y축 중 한 축은 선형, 다른 축은 로그로 표시한 것을 세미로그semi-log 그래프라 하고, x축과 y축을 모두 로그로 표시한 것을 로그–로그log-log 그래프라 한다.

산포도

데이터 쌍을 x–y 좌표에 뿌려놓은 것을 산포도scatter diagram라고 한다. '산'포도가 아니라 '산포'도다. 산포도는 함수관계보다는 두 변수 사이의 상관관계를 나타낼 때 주로 쓰이므로, 데이터가 분포된 경향을 보면 상관관계를 한눈에 파악할 수 있다. 데이터 점들이 특정한 직선(뒤에서 설명하겠지만 이 선을 추세선이라고 한다) 주위에 잘 모여 있을수록 상관관계가 강하다고 하고, 특정한 경향을 보이지 않고 넓게 퍼져 있으면 상관관계가 약하거나 없다고 한다. 또 x 값이 증가함에 따라 y 값이 증가하는 추세면 양의 상관관계, y 값이 감소하는 추세면 음의 상관관계다. 또 데이터 사이의 상관 정도는 상관계수 R을 써서 정량적으로 나타낸다. 상관계수의 절댓값은 0에서 1 사이의 값을 갖는데, 완벽한 상관관계일 때 R의 절댓값은 1.0이며 상관관계가 전혀 없을 때는 0이다.

실제 산포도를 보면 이해가 빠를 것이다. 아래의 산포도 중 왼쪽의 것은 특정한 선을 따라 데이터들이 촘촘히 몰려 있는데, 이런 경우는 강한 상관관계에 있으며 상관계수 R이 양이라서 양의 상관관계에 있음을 알 수 있다. 가운데 산포도는 특정한 선을 따라 데이터들이 몰려 있긴 하지만 왼쪽 것에 비하면 덜 밀집해 있으며, R이 음수이기 때문에 약한 음의 상관관계라고 말한다. 반면 오른쪽 산포도는 특정한 방향성 없이 아무렇게나 흩어

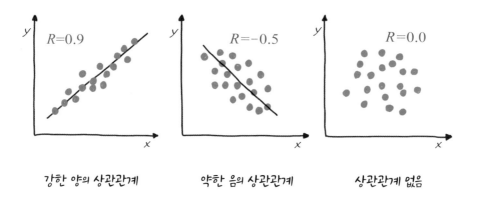

강한 양의 상관관계   약한 음의 상관관계   상관관계 없음

상관계수(R)	상관관계의 정도
0.0~0.2	상관관계가 거의 없다
0.2~0.4	약한 상관관계가 있다
0.4~0.7	상당히 상관관계가 있다
0.7~1.0	강한 상관관계가 있다

져 있으며, R 값이 0이기 때문에 상관관계가 전혀 없다고 할 수 있다.

추세선

산포도에 흩어져 있는 데이터를 하나하나 따라가며 꺾은선 그래프를 그리는 것은 무의미하므로 전체적인 데이터를 대표하는 하나의 직선으로 표시하는데, 이를 추세선이라고 한다. 전체적으로 들쭉날쭉한 데이터 점들 사이를 위아래로 가장 '잘' 지나가는 직선이라고 할 수 있다. 다시 말해 실제 데이터들과 추세선 사이의 편차가 최소가 되는 직선을 말한다.

어느 반 학생들의 키와 몸무게의 상관관계를 예로 들어보자. 키와 몸무게가 상관관계가 있는지, 있다면 어느 정도의 상관관계를 보이는지 알아보려고 한다. 몸무게는 키에 따라 하나의 값으로 결정되지는 않으므로 함수관계는 아니다. 우선 학생들로부터 키와 몸무게 데이터 쌍을 구한다.

번호	키(cm)	몸무게(kg)
1	172	79
2	176	51
3	180	68
4	181	72
5	182	78
6	160	47
7	163	62
8	176	71
⋮	⋮	⋮

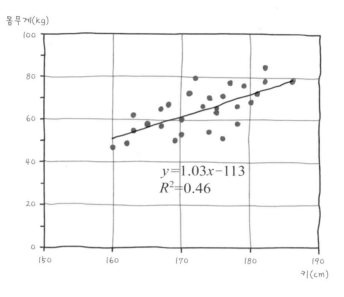

몸무게(kg)

$$y=1.03x-113$$
$$R^2=0.46$$

키(cm)

키가 크고 몸무게가 많이 나가는 학생도 있고, 키는 큰데 몸무게가 적은 학생도 있을 것이다.

산포도에 추세선을 중첩해서 그리면 위의 그래프와 같다. 엑셀 같은 프로그램을 쓰면 손으로 계산하지 않더라도, 알아서 추세선과 상관계수까지 구해준다. 그래프를 보니 R^2 값이 0.46으로 R 값은 약 0.68이다. 따라서 키와 몸무게 사이에는 꽤 강한 양의 상관관계가 있다고 말할 수 있다. 즉 키가 큰 학생이 몸무게도 더 나간다는 뜻이다. 또 구해진 추세선의 기울기가 1.03이므로 키가 1센티미터 커지면 몸무게가 1.03킬로그램씩 늘어난다는 결론을 끌어낼 수도 있다.

얼마 전까지만 해도 공과대학에서 다루는 문제는 주로 함수관계에 관한 것이었으나, 점차 상관관계를 중요하게 다루고 있다. 과학법칙과 같이 단순하고 이상적인 문제는 함수관계로 잘 설명할 수 있지만, 현실 속 문제는 매우 복잡하여 변수가 여럿이거나 밝혀지지 않은 무작위 변수까지 존재한다. 또 실험 결과는 항상 오차를 포함하고 있으므로 측정된 데이터 쌍은 이론식에서 설명하는 것과 같이 완벽한 함수관계를 보이지는 않는다. 따라서 측정 데이터를 이론식과 비교해서 그 추세를 파악함으로써 물리적인 의미를 찾아내는 것이 중요하다.

데이터 쌍의 추세선을 구하는 것은 인문사회 분야에서도 널리 쓰이는데, 추세를 분석한다는 의미에서 회귀분석regressional analysis이라고 부른다. 소득률과 저축률 사이의 관계라든가 환율과 경제성장률과의 관계 또는 증권 시장의 추세, 인구 변동의 추세 등 다양한 분석에 응용되고 있다.

2부

공대생이 읽어야 할
자연의 법칙
과학

1
공학과 과학

　공학을 배우고 엔지니어가 되는 데 과학이 중요한 것은 당연하다. 그러므로 과학 지식을 많이 외우고 있으면 훌륭한 엔지니어가 된다고 생각할지도 모르겠다. 그런데 그보다 중요한 것은 과학하는 자세와 과학적으로 사고하는 방식을 습득하는 일이다. 천체물리학자이자 대중적으로 유명한 과학책 작가인 칼 세이건은 "과학은 지식이 아니라 생각하는 방법"이라고 말했다. 과학자에게 과학적 사고방식은 가장 큰 무기이자 자산이다.

　과학을 뜻하는 영어 science는 지식을 뜻하는 scientica라는 그리스어에서 유래했는데, 자연에 숨어 있는 속성, 자연계를 관통하는 본질을 찾으려는 활동이 곧 과학이다. 과학자라면 아침에 해가 뜨고, 물체가 위에서 아래로 떨어지는 것과 같이 현상적인 지식을 단순히 아는 것만으로는 부족하다. 당연하게 보이는 자연현상을 당연한 것으로 받아들이지 않고, '왜?'라는 질문을 끊임없이 던진다. '왜 해는 동쪽에서 떠서 서쪽으로 질까, 왜 모든 물체는 아래로 떨어질까?' 등과 같이 일상에서 마주치는 자연현상에서 시작해, 세상을 구성하는 물질은 무엇인가, 세상은 언제부터 존재했는가, 생명이란 무엇인가, 우주의 끝은 어디인가 등의 근본적인 질문에 이르기까지 그 이유를 알고 싶은 것이다.

과학의 위대함은 지금까지 발견한 법칙이나 원리 등 과학 지식 자체보다는 과학적인 방법론에 있다고 해도 과언이 아니다. 과학적인 방법론이란 관찰된 사실에 근거하여 현상을 분석하고, 한편으로는 항상 반증의 가능성을 열어놓은 상태에서 언제, 어디서나 적용할 수 있는 일반화된 진리를 찾아가는 과정이다. 처음 만들어진 과학 지식은 확정된 진리가 아니기 때문에 가설이라고 한다. 과학자들은 처음 세운 가설을 입증하기 위해 자료를 보완하면서 연구를 계속한다. 이 과정은 아주 오랜 시간이 걸릴 수도 있고, 한 사람이 마무리 짓지 못하면 다른 사람에게 이어지기도 한다. 과학자는 연구하는 내내 자신이 연구하는 가설이 틀릴 가능성을 염두에 두고, 사실에 더욱 가까운 방향으로 가설을 보완하기 위해 노력한다. 틀릴 가능성, 다시 말해 반증 가능성을 열어놓는 것이야말로 과학적인 방법론의 핵심이라고 할 수 있다. 이렇듯 실증적 증거에 기반한 과학적 진리는, 오로지 개인적 믿음에만 근거하는 종교적 진리와 구별된다.

과학적 방법론은 현재 인류가 가지고 있는 최고의 문제 접근 방법이다. 그래서인지 과학의 대상은 더 이상 자연과학에만 국한되지 않는다. 인문학을 인문과학이라 하고 사회학을 사회과학이라 부르는데, 이는 인문학이나 사회학이 자연과학처럼 자연을 대상으로 하는 것이 아니라 사람과 사회를 대상으로 하되 과학적인 방법론을 채용해 연구하기 때문이다.

엔지니어는 모든 과학 지식을 알아야 할까? 그럴 필요는 없다. 전공에 따라 필요로 하는 내용이 다르고, 같은 전공이라도 세부 전공에 따라 서로 다른 과학 지식을 요구하기 때문이다. 어떤 전공이든지 물리, 화학, 생물 등에 관한 기본적인 지식을 가지고 과학적 사고를 할 줄 알면 된다. 공통적으로 필요한 기본 지식 이외에 전공에서 요구하는 전문적인 내용은 공부해가면서 필요한 것을 하나씩 익혀가면 된다.

물리학은 물체의 움직임이나 에너지를 다루는 과학으로 모든 공학 분야에 적용된다. 공학에서 다루는 물리학은 주로 고전물리학으로, 힘과 에너지를 다루는 역학力學, 전하와 전자기파를 다루는 전자기학電磁氣學, 빛에 관한 현상을 다루는 광학光學으로 나뉜다. 역학은 기계공학의 기반이 되고 전자기학은 전기전자공학의 기반이 된다.

화학은 물질의 성질과 화학반응을 다룬다. 화학공학은 유기화합물, 재료공학은 무기화합물을 주로 다루며, 각종 재료의 개발과 제조공정에 응용된다. 화학은 연소나 환경오염, 각종 시약, 재료, 물질을 다루는 거의 모든 공학 분야와 관련된다.

생물의 경우 그동안 전통적인 공학 분야의 주된 관심 대상이 아니었다. 하지만 최근 생체공학, 뇌공학, 인지공학, 의공학, 환경공학 등의 발달로 생물학의 중요성이 강조되고 있으며, 점차 공학적인 접근 방법이 적용되면서 공학 영역으로 편입되고 있다.

이제부터 물리와 화학을 중심으로 어떤 공학 분야를 전공하든 관계없이 상식적으로 알아야 할 기본적인 과학 원리를 설명하려 한다. 천재들이 발견한 과학 법칙들을 단순히 나열하고 습득하는 것이 아니라, 자연이 이야기하는 자연의 일반 속성을 새로운 시각에서 정리하고자 한다. 여기서는 특별히 기존의 학문적 체계에 따르지 않고 사고 방법의 틀에 따라서 보존, 평형, 변화 등 크게 몇 가지 공통적인 자연의 속성으로 나누어 설명한다.

보존의 법칙은 질량에만 적용되는 것이 아니라 에너지, 전류, 화학물질 등에 모두 적용되며, 평형의 법칙은 힘의 평형, 열적 평형, 화학평형, 생태계의 평형과 같이 적용 대상이 다를 뿐 원리적으로 같은 법칙들로 이해할 수 있다. 한편 흐름의 법칙은 변화의 크기를 설명하고, 엔트로피 법칙은 변화의 방향을 제시한다. 마지막으로 과학적 사고를 시험해볼 수 있는, '사실이 아닌' 엉뚱 과학을 소개한다. 과학이라면 무조건 믿는 경향이 있는데, 이는 올바른 자세라고 볼 수 없다. 과학적 표현이라도 사실인지 의심하고 비판적으로 볼 수 있어야 하겠다.

2
보존의 법칙들

공학에서 쓰이는 과학 법칙 중에서 가장 기본적이면서 가장 많이 언급되는 것으로 보존 법칙이 있다. 보존 법칙이란 어떤 양이 저절로 없어지거나 새로 생겨나지 않는다는 매우 고지식한 법칙으로서 어찌 보면 아주 당연하게 여겨지는, 법칙 같지 않은 법칙이다. 이것은 일상생활에서 수입과 지출 그리고 잔고의 증감을 관리하는 일종의 부기 법칙과 같다. 은행 잔고는 저절로 늘어나거나 줄어들지 않는다. 넣은 만큼 늘어나고, 빼서 쓴 만큼 줄어든다. 마찬가지로 연료 탱크에서 연료를 뽑아 쓴 만큼 줄어들고 다시 넣은 만큼 늘어난다. 질량 보존 법칙을 써서 연료 탱크 내의 연료량 변화를 모니터링 하고 에너지 보존 법칙을 써서 엔진의 출력을 계산하는 등 당연한 법칙이지만 공학적 응용의 기본이 된다.

질량 보존의 법칙

질량 보존의 법칙은 화학반응이 일어나면 물질의 형태는 변하지만 각 원소의 질량은 변화하지 않는다는 법칙으로, 1774년 프랑스의 라부아지에에 의해서 밝혀졌다. 우주에 존재하는 질량은 결코 소멸되거나 생성되지 않는다는 것으로, 모든 분야에서 당연한 기본 법칙으로 받아들인다. 물론 에너지와 질량이 서로 변환된다는 아인슈타인의 상대성이론에 따르면 엄밀한 진리가 아니라고 주장할 수 있다. 하지만 원자탄이 터지는 문제가 아니라면 대부분의 공학 문제나 일상생활에서는 에너지-질량 변환은 무시한다.

질량 보존의 법칙은 '주어진 시스템의 질량은 시간에 따라 불변한다'고 표현할 수 있는데, 여기서 시스템system, 系이란 물질로 이루어진 집합체, 다시 말해 물질 그 자체를 의미한다. 간단하게 '우리가 관찰하고 있는 대상의 물체' 정도로 이해하면 된다.

밀폐된 용기처럼 닫힌계closed system에 대한 화학 실험에서 질량은 분명히 보존된다. 닫힌계란 외부와 물질의 출입이 없는 상태로, 가열하거나 화학반응이 일어나더라도 내부에서 질량이 소멸되거나 새로 생성되지 않는다. 들어오거나 나갈 구멍이 없는 공간에 있는 물질은 그 안에서 형태가 바뀌기는 해도 마술처럼 없어지거나 새로 생기지 않는다는 것은 상식적인 사실이다.

그런데 질량 보존은 닫힌계뿐 아니라 열린계open system에도 적용된다. 열린계란 강물의 흐름이나 관로 내 유동과 같이 밀폐되어 있지 않은 상태에서 연속해서 흐르는 상태를 말한다. 열린계에서는 흐름을 따라가면서 시스템을 관찰할 수 없기 때문에 공간상에 고정된 가상의 체적을 정해놓고 관찰한다. 마치 가상의 그물을 쳐놓고 그물망을 통과해서 물이 들어오고 나가는 것을 관찰한다고 생각하면 된다. 이렇게 관심의 대상이 되는 체적을 검사체적control volume이라고 한다.

자동차나 공처럼 물질의 경계가 명확한 시스템에서는 따라가면서 관찰하는 데 아무런 문제가 없다. 하지만 물이나 공기 같은 유체의 흐름처럼 물질의 경계가 불분명할 때는 시스템(물체)을 따라가면서 관찰할 수 없기 때문에 가상의 검사체적을 설정해놓고 여기를 통과하는 유체의 상태를 관찰한다. 여기서는 시스템을 관찰하는 것과 검사체적을 관찰하는 것의 차이를 이해하는 것이 핵심이다.

열린계에 대한 질량 보존 법칙은 '시스템'의 변화율과 '검사체적'의 변화율의 관계로 설명한다. 잠시 수학으로 돌아가서, 시스템을 따라가는 미분 $\frac{d}{dt}$ 를 전체 미분이라는 의미에서 전미분total derivative이라 한다. 또는 물질을 따라간다 하여 물질미분material derivative, 실질적인 미분이라 하여 실질미분substantial derivative이라고도 한다. 이는 과학 용어가 아니고 수학 용어다. 그런가 하면 공간에 고정된 검사체적 내의 변화율 $\frac{\partial}{\partial t}$ 를 편미

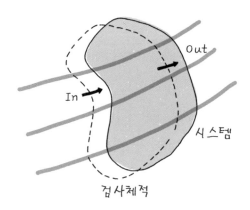

분partial derivative이라 한다. 공간 좌표를 고정하고 시간으로 미분하였다는 뜻이다.

여기서 둘 사이의 관계는 레이놀즈 수송 정리에 의해 설명된다. 레이놀즈 수송 정리란 유체역학과 같이 흘러가는 대상에 대해서 물체를 따라가며 관찰한 결과와 고정된 검사체적 내 관찰 결과를 연결시키는 수학 이론이다. 어렵다고 생각할 수도 있는데 아주 상식적이고 당연한 내용으로, 시스템의 변화율은 검사체적 내 변화율에 유출량을 더하고 유입량을 뺀 것과 같다는 것이다. 여기서 자세히 유도하지 않겠지만, 수식으로 표현하면 다음과 같다.

$$\frac{dM}{dt} = \frac{\partial M}{\partial t} + m_{out} - m_{in}$$

여기서 시스템 내의 질량 변화율 $\frac{dM}{dt}$은 질량 보존의 법칙에서 무조건 0이므로, 검사체적 내의 질량 변화율 $\frac{\partial M}{\partial t} = -m_{out} + m_{in}$이 된다. 풀어서 설명하면, 검사체적 내의 질량은 들어온 만큼 증가하고 나간 만큼 감소한다는 너무나도 뻔한 얘기가 된다. 즉 시스템의 질량은 변화가 없지만, 검사체적 내의 질량은 들어오고 나가는 양만큼 늘어나거나 줄어든다는 뜻이다.

열린계에 대한 질량 보존 법칙을 설명하기 위해 구슬 다섯 개가 들어 있는 주머니를 떠올려보자. 이 경우 구슬 다섯 개가 '시스템'이고, 주머니가 '검사체적'이다. 주머니에서 구슬 두 개를 꺼내고(m_{out}=2) 구슬 한 개를 넣으면(m_{in}=1) 주머니 속의 구슬은 한 개가 줄어든다$\left(\frac{\partial M}{\partial t} = -2+1\right)$. 질량 보존 법칙은 검사체적(주머니) 내의 질량이 변화하지 않는다는 것이 아니라 시스템의 질량에 변함이 없다$\left(\dfrac{dM}{dt}=0\right)$는 것이다. 여기서는 수학에서 나오는 $\dfrac{dM}{dt}$과 $\dfrac{\partial M}{\partial t}$의 차이, 특히 관찰 포인트의 차이를 이해하면 된다.

$$\text{닫힌계의 질량 보존} \qquad \frac{dM}{dt}=0$$

$$\text{열린계의 질량 보존} \qquad \frac{\partial M}{\partial t}=-m_{out}+m_{in}$$

공학에서 활용되는 질량 보존 법칙은 주로 열린계에 관한 것이 많다. 댐의 문이 열리면 하류로 물이 방류되고, 상류에서는 댐으로 물이 흘러들어온다. 댐의 방류량(m_{out})과 상류의 유입량(m_{in})이 같으면 댐 수위에는 변화가 없다$\left(\dfrac{\partial M}{\partial t}=0\right)$. 즉 정상 상태steady state다. 방류량이 많으면 수위가 내려가고 유입량이 많으면 수위가 올라간다. 즉 수위 변화는 순유입량(유입−유출)에 따라 결정된다.

일상생활에서도 이런 예는 아주 흔하게 관찰된다. LPG 가스통에서 시간당 1킬로그램씩 가스가 빠져나간다면, 가스통에 들어 있는 가스 질량은 그만큼씩 줄어든다. 은행 잔고는 지출이 많으면 내려가고 수입이 많으면 올라간다. 은행 계좌라는 검사체적 내의 잔고는 순수입(수입−지출) 액수만큼씩 변화한다. 만일 수입과 지출이 같은 상태, 즉 정상 상태가 유지된다면 계좌 잔고의 변화는 없을 것이다. 가스통의 질량이 줄어들었다고 질량 보존의 법칙을 의심하는 사람이 없는 것처럼, 은행 잔고가 줄어들었다고 해서 저절로 돈이 소멸되었다고 의심하는 사람은 없을 것이다.

에너지 보존의 법칙

질량뿐 아니라 에너지도 보존된다. 보존 법칙을 에너지에 적용한 것을 에너지 보존 법칙이라 하며, 다른 말로 열역학 제1법칙이라 한다. 열역학 제1법칙은 에너지가 보존되며 열과 일이 서로 동등하다는 내용이다. 다시 말해 열도 에너지이고, 일도 에너지로 같은 물리량이기 때문에 서로 더하거나 뺄 수 있다는 의미다. 시스템의 내부 에너지U는 열Q을 넣어준 만큼 증가하고 외부로 일W을 행한 만큼 줄어든다는, 질량 보존과 마찬가지로 당연한 사실이다.

이를 수식으로 표현하면 다음과 같다. 여기서 Δ란 변화를 나타내는 기호로, U가 내부 에너지라면 ΔU는 내부 에너지의 변화를 의미한다. 80킬로그램인 사람이 1킬로그램의 음식을 먹으면 몸무게는 1킬로그램이 늘어 81킬로그램이 된다. Δ는 함수값 80킬로그램과 변화량 1킬로그램을 구별해주는 기호다.

에너지 보존 법칙을 이용하는 사례는 공학에서 수없이 많다. 공기가

$$\Delta U = Q - W$$

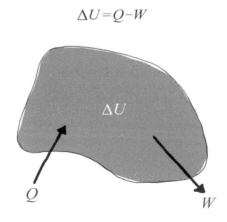

들어 있는 실린더에 열Q을 가하면 내부 에너지가 증가하며ΔU 온도가 올라간다. 또 실린더가 팽창하면서 외부에 일W을 하면 내부 에너지는 감소하며ΔU 온도가 내려간다. 자동차든 비행기든 엔진 내부에서는 이런 일이 반복해서 일어난다. 연료가 연소되면서 열이 발생하고 일을 한 다음에는 엔진 주변에 있는 냉각수가 엔진의 온도를 낮춰 다음 일을 준비한다. 이러한 열역학 과정은 기계공학이나 항공공학 또는 화학공학의 기초가 된다. 엔진의 열손실과 출력, 연료 소비량 등을 바탕으로 전체적인 에너지의 수지를 계산하고 이로부터 엔진 효율을 구할 수 있다.

열과 일이 동등한 물리량이라는 사실은 영국의 물리학자 제임스 프레스콧 줄James Prescott Joule에 의해 밝혀졌다. 그 이전까지 열은 불을 연구하는 사람들이, 일은 운동이나 힘을 연구하는 사람들이 관심을 가진 대상이었다. 그때까지만 해도 물체가 뜨겁거나 차가운 사실과 물체가 힘을 받아 움직이는 사실은 전혀 관련 없는 별개의 문제로 여겨졌다. 원래 줄은 역학, 즉 일에 관한 연구를 하던 과학자였는데, 연구를 계속하다가 열과 일은 서로 관련 없는 문제가 아니라 서로 같은 물리량이라는 사실을 발견한 것이다.

열과 일을 별개로 생각하다 보니 단위도 달랐다. 열을 다룰 때는 칼로리cal라는 단위를 썼는데, 1칼로리는 물 1그램을 섭씨 1도 올리는 데 필요한 열량이다. 반면 일을 다룰 때는 소나 말이 내는 힘을 기준으로 하는 마력이나 줄Joule 같은 역학적 단위를 썼다. 1줄은 1뉴턴의 힘으로 물체를 1미터 이동했을 때 행한 일이다. 그동안 서로 관련이 없어 보였던 열과 일의 관계는 줄의 실험을 통해 1cal=4.2J이라는 열의 일당량으로 연결되었다. 줄의 실험이란 물을 휘저으면서 넣어준 운동에너지로 인해 물의 온도가 얼마나 올라가는지 측정한 실험이다.

에너지는 여러 가지 형태로 존재하고 서로 변환이 가능하기 때문에, 에너지가 보존된다는 것은 열에너지를 비롯한 다른 형태의 에너지를 모두 합친 전체 에너지가 보존된다는 것을 의미한다. 제트엔진에 열에너지를 가하면 연소 가스가 팽창하여 노즐로 분출되면서 비행기에 필요한 운동에 너지를 만들어낸다. 또 폭포수는 높은 곳에서 떨어질 때 위치에너지가 운 동에너지로 바뀌면서 낙하 속도가 빨라지고, 떨어진 폭포수가 바닥과 부 딪히면서 운동에너지는 소리에너지나 열에너지로 바뀐다. 에너지 형태는 바뀌지만 총 에너지는 보존된다.

운동량 보존의 법칙

운동량 보존의 법칙은 외부에서 힘이 주어지지 않는 한, 운동량(질량× 속도)이 그대로 유지된다는 법칙이다. 뉴턴의 제1법칙 또는 관성의 법칙이 라고도 한다. 정지해 있는 물체는 계속 정지해 있으려 하고, 움직이는 물 체는 계속 같은 속도로 움직이려 한다는 것이 관성의 법칙이다. 관성은 영어로 이너시아inertia라고 하는데, 게으름이나 타성이라는 의미를 갖고 있다. 소파에 누워 있으면 꼼짝 않고 계속 누워 있고 싶은가 하면, 하던 일은 하던 대로 쭉 밀고 나가고 싶은 걸 보면 적절한 표현인 것 같다.

운동량 보존의 법칙도 다른 보존 법칙과 마찬가지로 시스템을 대상으 로 적용된다. 시스템이 하나의 물체뿐만 아니라 여러 개의 물체로 이루어 졌을 때도 각 물체가 가지고 있는 운동량들의 총합에는 변화가 없다는 뜻 이다. 당구공 두 개가 충돌할 경우를 생각해보자. 정지해 있는 당구공 B

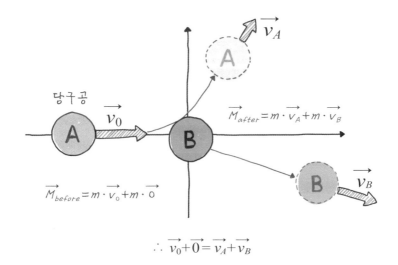

$$\therefore \vec{v_0} + \vec{0} = \vec{v_A} + \vec{v_B}$$

를 향해 당구공 A가 다가와 충돌하면 두 개의 당구공은 각각 반대 방향으로 튕겨져 나가므로 운동 방향은 바뀌지만, 충돌 후 당구공 A와 B가 가지는 운동량의 합은 원래 두 당구공이 가지고 있던 운동량의 합과 같다. 당구대 바닥의 마찰이나 공기저항은 무시할 수 있을 정도로 작으므로 운동량은 비교적 잘 보존된다.

　힘이 주어지지 않으면 운동량에 변화가 없다는 운동량 보존의 법칙은 뉴턴의 운동법칙 중 제1법칙이다. 여기서 제1법칙을 제2법칙과 묶어서 하나의 운동량 법칙으로 이해하기도 한다. 뉴턴의 제2운동법칙은 제1운동법칙을 연장한 것으로, 시스템에 힘이 가해지면 그만큼 운동량에 변화가 생긴다는 것이다. 다시 말해 '운동량의 변화율은 작용한 힘과 같다'는 것으로, 수식으로는 다음과 같이 표현한다.

$$F = \frac{d}{dt}(mv)$$

이 수식에서 시스템 질량 m이 일정하면 이 식은 $F=ma$가 됨을 알 수 있다. 곧, 가속도 법칙이다. 공학자는 가속도 법칙을 써서 엔진의 추진력을 결정하거나, 주어진 힘을 바탕으로 물체가 받는 가속도를 계산한다. 자동차, 항공기, 기계, 로봇처럼 물체의 움직임을 다루는 대부분의 공학 분야에서 빼놓을 수 없는 중요한 법칙이다.

뉴턴의 제2운동법칙이라고 부르지만 사실 몇 번째 법칙이건, 이름이 무엇이건 별로 중요하지 않다. 전혀 관계없어 보이던 힘 F과 운동량 mv의 관계를 연결시켰다는 사실이 중요하다. 어떤 양이 보존된다는 사실을 밝힐 뿐 아니라 서로 다른 물리량 사이에 정확히 어떤 관계가 있는지 설명했다는 점에서 정말 대단한 법칙이 아닐 수 없다. 천재 아이작 뉴턴이 세운 인류의 위대한 업적 중 하나다.

전하량 보존의 법칙

보존의 법칙은 전하나 전류 같은 전기적 물리량에도 적용된다. 회로에 전류가 흐를 때 분기점을 만나면 전류는 각각 다른 도선으로 나뉘어 흐르겠지만, 이 분기점을 통과하는 전류의 총합, 즉 들어오는 전류와 나가는 전류의 합은 같다. 이는 전류량 또는 전하량이 보존된다는 법칙으로, 키르히호프의 전류 법칙이라고 불린다. 전기전자공학을 전공한다면 가장 많이 접하게 된다. 전깃줄을 따라서 흐르는 전류는 파이프를 통해 흐르는 물이나 도로를 달리는 차량 흐름과 같다. 파이프가 분지관을 만나면 물이 나뉘어 흘러가고, 두 개의 도로가 합류하면 달리던 두 도로의 차량 흐름이 합해지는 것과 마찬가지다. 전하의 흐름은 유체의 유동과 비슷해서 '전

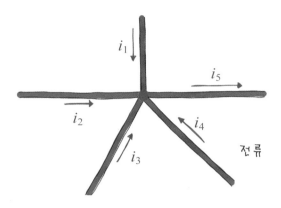

전류

기가 흐른다'고 표현하고, 한자로 흐를 류流를 쓴다.

전하량 보존 법칙에서 전하의 단위는 쿨롱C이고, 1쿨롱은 약 6.25×10^{18}개의 전자나 양성자가 가지는 전하량이다. 전류는 단위 시간당 도체를 흐르는 전하의 양으로 단위는 암페어A다. 1암페어는 1초에 1쿨롱의 전하가 흐르는 전류량, 즉 $1A=1C/s$다.

위 그림은 전하량 보존의 법칙을 나타낸 것이다. 전선이 갈라지거나 모이는 분기점에서 각 전선을 통해서 들어오고 나는 전류량을 모두 합치면 0이 된다. 분기점을 중심으로 들어오는 전류의 합은 분기점에서 나가는 전류의 합과 같다. 이를 수식으로 나타내면 다음과 같다.

$$\sum_{1}^{N} i_n = 0$$
$$i_5 = i_1 + i_2 + i_3 + i_4$$

전선이 병렬로 연결되어 있을 때는 두 전류가 합쳐지고, 하나의 전선을 따라서 흐를 때는 중간에 누설되지 않는다면 전류량은 전선을 따라 그대로 유지된다. 마찬가지로 유체 역시 관로를 따라 물이 흐를 때 중간에 누설되지 않으면 관로를 따라서 유량이 그대로 유지된다. 앞에서 설명한 질량 보존 법칙과 차이가 있다면, 검사체적 내 축적되는 질량(전하)이 없어서 들어오는 질량(전하)과 나가는 질량(전하)이 항상 같은 상태를 유지한다는 것이다.

지금까지 설명한 보존의 법칙은 질량 보존, 에너지 보존, 운동량 보존, 전하량 보존 등 대상이 되는 물리량에 따라 여러 가지 형태로 나타난다. 보존의 법칙은 우리가 무의식중에 상식적으로 받아들이고 당연하게 적용하는 원리 중 하나다.

3
평형의 원리들

평형 상태란 힘이나 온도 등이 균형을 이루면서 더 이상의 변화가 일어나지 않는 안정적인 상태를 말한다. 평형에는 역학적 평형, 열적 평형, 화학적 평형, 상평형 등이 있다. 앞서 설명한 보존의 법칙이 질량이나 에너지처럼 움직이거나 흘러가는 물리량을 중심으로 한다면, 평형의 원리는 힘이나 온도 등과 같이 흐름을 유발하는 조건 또는 평형을 이루는 수준을 중심으로 하는 원리라고 할 수 있다.

변화를 유발시키는 구동력을 퍼텐셜potential이라 하고, 이에 따라 변화가 일어나는 물리량의 흐름을 플럭스flux라 한다. 즉 보존의 법칙은 플럭스(흐름)의 밸런스를 설명하고, 평형의 원리는 퍼텐셜(구동력)의 밸런스를 설명한다고 볼 수 있다. 평형이 깨진 상태, 즉 불균형 상태에서 일어나는 퍼텐션과 플럭스의 관계는 '흐름의 법칙'에서 설명할 것이다. 자연에는 평형 상태에 있는 것이 많다. 공학에서는 평형의 원리를 이용하여 많은 문제를 해결하고 필요한 물건을 만들기도 하는데, 힘의 평형을 써서 구조물을 설계하고 열의 평형을 써서 온도를 측정하는 것이 그런 예다.

힘의 평형

힘의 평형은 기계공학이나 토목공학 등 여러 공학 분야에서 필수적인 개념이며, 구조물에 작용하는 힘과 변형을 다루는 정역학이나 구조역학의 기본 원리가 된다. 교량, 건축물, 기계 부품 등 정지해 있는 물체에 작용하는 힘을 계산하고 이를 지탱하기 위해 필요한 강도를 계산하는 데 꼭 필요한 원리다.

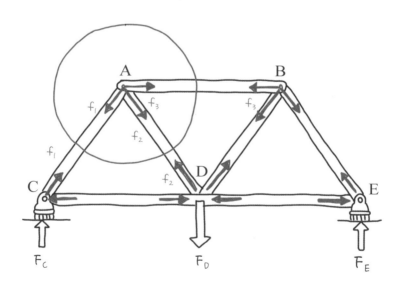

트러스 구조

정지된 상태에 있는 구조물은 외부 힘이 서로 평형을 이루면서 전체 힘의 합, 즉 합력이 0이 된다. 힘은 벡터이므로 두 개의 힘을 받으면 평형 상태에서 크기가 같고 방향이 반대다. 줄다리기 시합을 생각해보면 쉽다. 어느 한쪽으로 끌려가지 않고 평형을 이룰 때 양쪽에서 당기는 힘의 크기는 같다. 만약 세 개 이상의 힘이 작용하면 각 방향에 대한 성분별로 합력이 0이 된다. 정지된 구조물들은 모두 힘의 평형을 이루고 있다. 책상에 놓인 커피잔은 중력을 받는 만큼 책상으로부터 수직 항력을 받고, 도르래에 매달린 물체는 중력을 받는 만큼 두 줄이 물체를 위로 잡아당기고 있어서 모두 힘의 평형 상태에 있다. 이로부터 줄에 작용하는 장력을 구할 수 있다.

힘의 평형은 구조물 설계의 기본이 된다. 성산대교나 방화대교 같은 다리를 보면 여러 개의 삼각형을 합쳐놓은 듯한 구조인데, 이를 트러스 구조라고 한다. 트러스 구조는 재료는 적게 쓰면서도 하중을 견디는 힘이 크기 때문에 교량이나 댐, 건물 등 구조물에서 흔히 사용된다. 삼각형을 이루고 있는 각 단위 부재들은 인장력 또는 압축력을 받는데, 당기는 힘을 인장력, 누르는 힘을 압축력이라 한다. 구조물 전체적으로도 힘의 평형이 이루어져 있고, 삼각형의 각 지점별로도 평형이 이루어져 있으므로 합력은 0이 된다.

트러스 구조로 된 다리를 설계할 때 각 부재가 받는 힘을 해석하면, 그림에서 A점을 중심으로 세 개의 힘 f_1, f_2, f_3는 평형을 이룬다. 또 B, C, D, E 각 점에서도 각각의 힘들이 평형을 이루어야 하므로 이를 연립하면 각 부재에 작용하는 힘을 모두 계산할 수 있다. 이렇게 계산된 힘은 재료를 선정하고 재료의 두께를 설계하는 데 활용된다.

구조공학이나 동역학에서는 종종 자유물체도 free body diagram 라는 것을 이용한다. 자유물체도란 대상이 되는 물체나 구조물 등 관심 대상에 작용하는 힘을 모두 나타낸 그림을 말한다. 자유물체도에는 고립되어 있는 상태에서 물체에 작용하는 힘이 모두 나타나 있어 힘의 평형이나 역학적 관계를 쉽게 파악할 수 있다. 아래 두 그림은 힘의 평형을 이루는 자유물체도다.

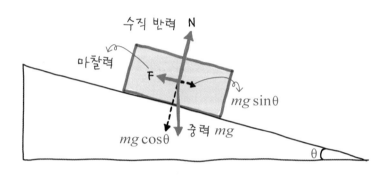

비탈에 있는 물체에 작용하는 힘을 보여주는 자유물체도

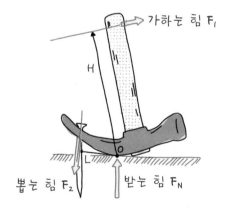

장도리에 작용하는 힘의 평형을 나타내는 자유물체도

열적 평형

온도가 다른 두 물체가 접촉하면 뜨거운 물체는 열을 빼앗겨 온도가 내려가고, 차가운 물체는 열을 전달받아 온도가 올라간다. 충분한 시간이 지나면 두 물체는 온도가 같아진다. 열평형thermal equilibrium은 두 개의 물체 사이에 온도차가 없어져서 더 이상 열 교환이 일어나지 않는 상태, 즉 열적으로 균형 잡힌 상태를 말한다. 열평형 원리는 접촉하고 있는 두 개의 물체는 결국 같은 온도에 이른다는 열역학 제0법칙에 따른 것이다. 대표적으로 열평형 원리를 이용한 것이 온도계다. 온도를 측정하는 것은 열역학 제0법칙에 따라 온도계와 온도를 재려는 물체의 열적 평형 상태를 이용한 것이다.

또 여러 물체 사이의 열적 평형으로 확장해 생각해볼 수도 있다. 물체 A와 B가 열적 평형 상태에 있고 B와 C가 열적 평형 상태에 있으면, 삼

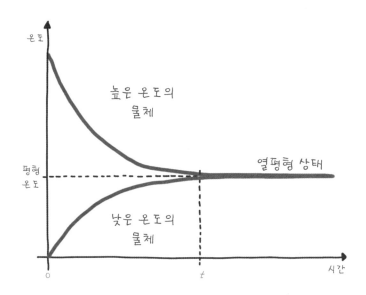

단논법에 따라 A와 C도 열적 평형 상태에 있다고 말한다. 당연한 사실이지만, 항온실에 들어 있는 물체는 항온실의 온도와 같아진다. 따라서 그 안에 있는 물체는 모두 동일한 온도에 있다고 말할 수 있다.

과학 법칙은 보통 발견된 순서에 따라서 1법칙부터 차례대로 일련번호를 붙인다. 대개 기본적인 법칙이 먼저 발견되고 어렵고 특수한 법칙이 나중에 발견되므로 숫자가 적은 법칙일수록 기본적이다. 열역학 제0법칙(온도평형 법칙)은 열역학 제1법칙(에너지 보존 법칙)이나 열역학 제2법칙(엔트로피 증가의 법칙)보다 늦게 발견되었지만, 너무 기본적인 내용이라 열역학 법칙에 포함시키면서 부득이 0법칙이란 이름을 얻게 되었다. 열역학 제2법칙은 뒤쪽에서 다시 설명할 것이다. 그 밖에 열역학 제3법칙은 절대영도 상태에서 엔트로피 값은 0이라는 내용이다.

열적 평형보다 넓은 의미로 열역학적 평형thermodynamic equilibrium이란 말이 있다. 이는 열적으로뿐 아니라 정적으로나 화학적으로도 평형을 이루어 물질이나 에너지의 거시적 알짜흐름이 없는 상태를 말한다. 엄밀하게 따지면 열평형이라고 해서 반드시 열역학적 평형인 것은 아니지만, 열평형과 거의 같은 의미로 쓰인다.

화학평형과 상평형

화학공학은 석유를 정제하거나 석유를 원료로 각종 유기화합물이나 플라스틱을 생산하는 공학 분야다. 최근에는 반도체, 바이오, 화장품 등 다양한 화학제품으로 범위가 확장되고 있다. 우리가 생활하는 데 필요한 여러 가지 물질들을 제조하고 석유를 정제하는 데 필수적인 원리가 바로 화학평형과 상평형이다. 화학반응에서 반응물과 생성물이 화학적으로 평형 상태에 있는 것을 화학평형이라 하고, 액체, 기체, 고체 등 다른 상태에 있는 물질이 평형 상태에 있는 것을 상평형이라 한다.

화학반응식은 왼쪽에 반응물을, 오른쪽에 생성물을 표시한다. 왼쪽에서 오른쪽으로 반응이 일어나는 것을 정반응이라 하고 반대 방향의 반응을 역반응이라 한다. 아래 식은 A와 B가 반응하여 C와 D의 생성물을 만들어내는 반응을 나타낸다. 여기서 A와 B가 모두 소진되어 C와 D만 남는 것이 아니라, 역반응도 함께 일어나면서 반응물 A, B가 생성물 C, D와 평형을 이루게 된다.

$$\alpha A + \beta B \longleftrightarrow \gamma C + \delta D$$

화학적 평형 상태란 반응이 전혀 일어나지 않는 상태를 의미하는 것이

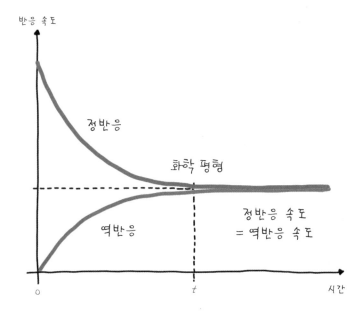

아니라 정반응의 속도와 역반응의 속도가 같아서 겉보기에 변화가 일어나지 않는 상태를 말한다. 대부분의 화학반응을 살펴보면 반응물이 완전히 생성물로 변하지 않고 반응물과 생성물이 일정한 비율로 남는다. 즉 정반응과 역반응이 균형을 이루면서 반응물과 생성물의 양이 변하지 않고 일정하게 유지되는 동적인 평형 상태에 놓이는 것이다.

평형 상태에서는 반응물과 생성물의 양이 일정하게 유지되므로 생산량을 계획할 수 있다. 또 온도나 압력 등 외부 조건을 제어하거나 촉매를 활용하면 평형 상태를 이동시켜 반응 속도와 생성물의 조성을 변경할 수 있다. 이렇듯 화학 평형은 원료를 이용해서 최종 생성물의 제조 공정과 생산량을 계획하는 데 기본이 된다.

얼음과 물이 함께 있거나 물과 수증기가 섞여 있는 것처럼 고체, 액체, 기체가 공존하는 상태를 상평형이라 한다. 하나의 상에서 다른 상으로 이행

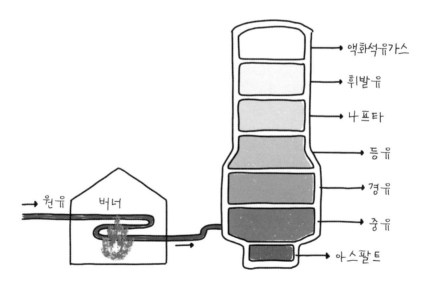

원유 분별 증류

91

하는 속도, 예를 들어 물이 수증기로 기화하는 속도와 수증기가 액화하는 속도가 균형을 이루어 겉보기에 상전이가 더 이상 일어나지 않는 상태다.

상평형은 혼합물에서 특정 물질을 분리하거나 추출하는 데 이용된다. 땅속 깊숙한 곳에서 뽑아 올린 원유에는 여러 가지 물질이 섞여 있어 바로 사용할 수가 없다. 원유로부터 다양한 물질들을 분리할 때 상평형을 이용한다. 원유를 가열하면 끓는점이 낮은 물질부터 높은 물질 순으로 증발하여 기화되는데, 이 현상을 이용하면 원유에서 여러 가지 물질을 분리해낼 수 있다. 휘발유가 가장 낮은 온도에서 쉽게 기화하고, 그다음 경유, 중유 순이다.

물질마다 상평형 상태를 보여주는 상평형도phase diagram를 그릴 수 있다. 상평형도를 이용하면 두 개 이상의 물질이 섞여 있을 때 온도나 압력

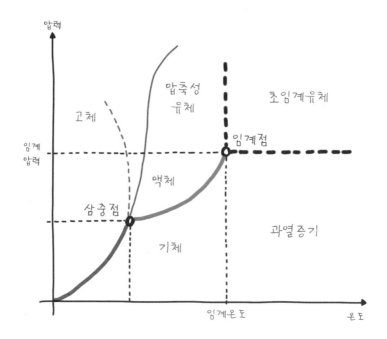

92

변화에 따른 평형 상태를 한눈에 파악하여 각 성분을 분리해낼 수 있다. 상평형은 여러 금속이 섞여 있는 합금에 대해서도 똑같이 적용된다. 상평형도를 보면서 합금 조성을 파악하고, 필요한 경우에는 환경 조건을 변화시켜시 합금의 조성을 변경할 수 있다.

평형의 원리는 힘의 평형, 열적평형, 화학평형, 상평형 등과 같이 외견상 아무 변화가 없어 보이는 상태를 설명한다. 평형의 원리 역시 따로 공부할 필요가 없을 정도로 상식적이고 당연한 원리지만 공학적으로 너무나 중요한 원리 중 하나다.

4
반발의 법칙들

자연에서는 환경에 어떤 변화가 주어지면 이에 반발하여 변화를 억제하려는 기재가 발동한다. 물체를 움직이려고 하면 마찰력이 반대 방향으로 작용하여 움직임을 방해하고, 고정된 물체에 힘을 가하면 작용한 힘에 반발하는 반작용 힘이 발생한다. 또 자속의 변화에 반발하는 방향으로 자력이 작용하거나, 실험 조건 변화에 거스르는 방향으로 화학반응이 억제되기도 한다. 이러한 자연 발생적인 현상을 하나의 반발(또는 억제)의 법칙으로 묶어서 이해할 수 있다. 일명 청개구리 법칙이다.

작용과 반작용의 법칙

작용-반작용의 법칙은 뉴턴의 제3법칙으로, 모든 작용에 대해서 크기는 같고 방향이 반대인 반작용이 발생한다는 법칙이다. 작용과 반작용은 상호작용으로서 하나의 쌍으로 나타난다. 벽을 밀면 미는 힘과 같은 크기의 힘이 반대 방향으로 작용한다. 물에 떠 있는 보트에서 상대방 보트를 당기면 내가 당긴 만큼 상대방도 나를 당기고, 상대방 보트를 밀면 내가 밀어낸 만큼 상대방도 나를 민다. 새가 하늘을 나는 것도 날개로 공기를 아래로 미는 만큼 위로 향하는 반작용을 받기 때문이다.

작용-반작용의 법칙을 이용한 대표적인 사례가 로켓 발사다. 로켓이 추진력을 얻는 원리도 부풀어 오른 풍선이 바람을 뿜으며 날아가는 원리와 같다. 육중한 로켓이 발사되어 중력을 이기고 가속하기 위해서는 막대한 반작용을 받아야 한다. 특히 음속을 넘어 초음속의 추진력을 얻으려면 노즐을 통한 연소 가스의 분출 속도를 매우 크게 해야 한다. 운동량은 질량 곱하기 속도로 구할 수 있는데, 분출할 수 있는 연소 가스의 질량은 어느 정도 정해져 있으므로 운동량을 어느 수준 이상으로 키우려면 분출 속도를 음속 이상으로 높여야 한다.

우리가 흔히 보는, 음속보다 느린 아음속 노즐의 경우 노즐의 단면적을 줄임으로써 분출 속도를 높일 수 있지만, 초음속 노즐의 경우에는 단면적을 오히려 넓게 해야 분출 속도를 음속 이상으로 만들 수 있다. 축소확대 노즐을 쓰면 목 부분에서 밀도가 급격히 낮아지면서 속도가 올라가 음속을 넘어설 수 있게 된다. 과학관이나 항공 전시관에 가면 로켓 뒤에 붙은, 끝이 벌어져 있는 초음속 확대 노즐을 볼 수 있다.

렌츠의 법칙

전류를 흘리면 전기모터가 회전하고, 발전기를 회전시키면 전류가 만들어진다. 전기모터와 발전기는 구조적으로 똑같이 생겼다. 단지 전류를 넣어 회전자를 돌리느냐, 회전자를 돌려서 전류를 만들어내느냐 하는 차이만 있을 뿐으로, 에너지 전환 방향만 반대다. 실제로 안 쓰는 세탁기에 있는 전기모터를 뜯어내 축을 돌리면 전기가 만들어지기 때문에 공대에서 진행되는 설계 수업이나 각종 경진대회에서 재활용 발진기로 종종 이용된다.

도선에 전류가 흐르면 자기장이 만들어지고, 자기장에 변화가 생기면 전류가 흐르는 현상을 전자기 유도 현상이라 한다. 이것이 바로 모든 발전기나 모터의 원리로 19세기 영국의 물리학자 마이클 패러데이Michael Faraday에 의해 발견되었다. 패러데이 법칙은 전자기 유도에 의한 유도 기

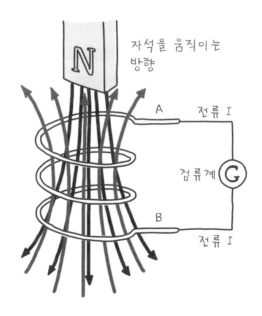

전력의 크기를 설명하며, 또 다른 법칙인 렌츠의 법칙Lenz's Law은 오른나사를 써서 유도 전류의 방향을 설명한다. 같은 원리에 관한 법칙이라도 크기를 설명하는 법칙이 있고 방향을 설명하는 법칙이 따로 있는 셈이다.

코일을 만들어놓고 막대자석을 넣었다 뺐다를 반복하면 회로에 전류가 발생하는 것을 관찰할 수 있다. 만약 막대자석이 코일 안에 정지해 있으면 유도 전류는 흐르지 않는다. 렌츠의 법칙에 따르면 유도 전류는 코일 속을 지나는 자속의 변화를 방해하는 방향으로 생성된다. 다시 말해 코일을 통과하는 자속이 감소하면 이를 증가시키는 유도 자기장을 만드는 방향으로, 자속이 증가하면 이를 감소시키는 유도 자기장을 만드는 방향으로 유도 전류가 흐르게 된다. 막대자석이 움직이는 것을 방해하는 방향으로 유도 전류가 흐른다고 이해하면 쉽다. 작용과 반작용의 법칙에서 작용하는 힘에 반대되는 방향으로 반작용이 작용하는 것처럼, 막대자석이 움직이려는 것을 방해하는 방향으로 전자기력이 발생하는 것이다. 또 그쪽 방향으로 전류가 생성된다.

이와 관련된 법칙으로 플레밍 법칙이 있다. 플레밍 법칙Fleming's Law은 패러데이에 의해 발견된 전자기 유도 현상을 쉽게 파악할 수 있도록 해주는데, 사람의 세 손가락이 전류, 자기장, 도체 운동의 세 방향을 가리키는 것으로 설명한다. 자속을 가로지르며 전선을 움직이면 전선 내 전류가 유도되며, 전류의 방향은 플레밍의 오른손 법칙에 따른다. 오른손 법칙에 반대되는 법칙은 왼손 법칙이다. 자속과 직각이 되는 방향으로 전류가 흐르면 이를 방해하는 방향, 즉 오른손 법칙의 반대 방향으로 힘이 작용한다. 이를 플레밍의 왼손 법칙이라 한다. 플레밍의 오른손 법칙과 왼손 법칙 역시 작용과 반작용으로 이해할 수 있다.

$$\vec{F} = \vec{i} \times \vec{B}$$

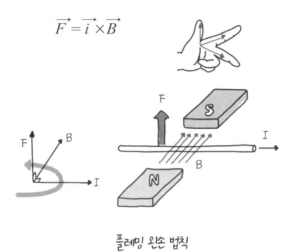

플레밍 왼손 법칙

$$\vec{i} = \vec{F} \times \vec{B}$$

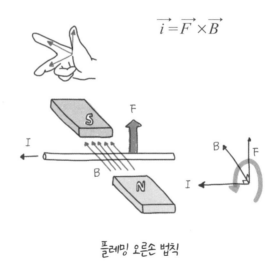

플레밍 오른손 법칙

르샤틀리에의 원리

여러 가지 화학제품을 만들어낼 때 생산하고자 하는 물량에 맞추어 생성물의 반응 속도와 공정을 설계한다. 공정은 한자로 '만들 공ㅜ'에 '과정 정程'이므로 만드는 과정, 즉 '프로세스'를 가리킨다. 이렇게 생성물의 화학반응을 조절하고 생산 공정을 계획할 때 르샤틀리에의 원리 Le Chatelier's Principle가 적용된다.

화학반응이 진행되다가 화학적 평형이 이루어지면 겉보기로는 더 이상 반응이 일어나지 않는다. 그런데 평형 상태에 다다랐더라도 어떤 조건에 변화가 생기면 다시 새로운 평형 상태에 도달하기 위해 반응을 시작한다. 이때 새롭게 시작되는 반응은 달라진 조건을 가능한 한 상쇄하는 방향으로 이루어진다. 여기서 조건이라는 것은 반응물이나 생성물을 새롭게 첨가하거나 온도나 압력이 변화하는 것 등을 말한다.

반응물 A에서 생성물 B가 만들어지는 화학반응이 평형 상태에 도달했을 때를 생각해보자. 이때 반응물 A를 첨가하면 A를 감소시키는 방향으로 화학반응(정반응)이 일어나고, 생성물 B를 첨가하면 B를 감소시키는 방향으로 화학반응(역반응)이 일어나는 것이다.

화학반응에서 열이 발생하는 반응을 발열 반응이라 하고, 열을 흡수하는 반응을 흡열 반응이라 한다. 발열 반응에서 온도를 높이면 온도를 낮추는 방향(역반응)으로 진행되고, 온도를 낮추면 온도를 높이는 방향(정반응)으로 반응이 진행된다. 흡열 반응의 경우는 이와 반대다. 예를 들어 다음과 같은 발열 반응에서 온도를 높이면 반응을 억제하여 열을 흡수하는 방향으로 반응(역반응)이 일어나 이산화질소(NO_2)의 생성량이 줄어든다.

$$N_2 + O_2 \longrightarrow 2NO_2 + 66kJ$$

압력의 변화에 대해서도 마찬가지다. 기체 반응의 경우 반응식의 좌변과 우변의 몰수를 보면 몰수가 감소하는 반응인지, 증가하는 반응인지를 알 수 있다. 아래 식처럼 좌변의 계수는 2이고 우변은 1이므로 부피 또는 몰수가 감소하는 반응인 것을 알 수 있다. 이와 같이 기체의 몰수가 감소하는 반응의 경우 압력을 높이면 정반응을 촉진한다. 압력이 높아지면 기체의 부피를 낮추는 방향으로 정반응이 일어나기 때문이다. 물론 액체의 경우에는 압력의 영향을 거의 받지 않는다.

$$2NO_2 \longrightarrow N_2O_4$$

이렇듯 화학공학 공정에서는 르샤틀리에의 원리에 따라 물질의 농도 조건과 온도 조건, 압력 조건을 조절하면서 적절한 반응 속도와 생산 물량을 유지할 수 있다.

반발의 법칙은 힘의 반작용, 전류의 반발, 화학반응의 역반응 현상과 같이 주어지는 변화에 반발하여 이를 억제하고 평형 상태를 다시 유지하려는 평형 법칙의 연장으로 이해할 수 있다. 법칙 하나하나 이름을 외우는 것은 힘들기도 하고 사실 그럴 필요도 없다. 대신, 자연은 청개구리 특성을 가진다는 사실은 이해할 필요가 있고, 공학적으로도 쓸모가 많다.

5
흐름의 법칙들

기압차 때문에 바람이 불고, 온도차로 인해 열이 전달되며, 전압차가 생겨 전류가 흐른다. 자연에서는 어떤 수준의 차이로 인해서 평형이 깨지고 불균형이 생길 때 변화 또는 흐름이 발생한다. 기류, 열류, 전류와 같이 흘러가는 양을 플럭스라 하고, 이런 흐름을 만들어내는 압력, 온도, 전압과 같은 구동력을 퍼텐셜이라 한다. 자연이 만들어내는 현상 중 많은 부분을 퍼텐셜의 차이에 비례하여 높은 곳에서 낮은 곳을 향해 플럭스가 발생하는 것으로 이해할 수 있다. 이를 통틀어 흐름의 법칙으로 엮었다.

푸리에 열전도 법칙

벽체를 통과하는 단위 면적당 열전달량q은 단열재 양면의 온도차ΔT에 비례하고 두께L에 반비례한다. 즉 온도 기울기에 비례한다. 이를 푸리에 열전도 법칙Fourier conduction law이라 한다. 이때 비례상수 k는 열전도율thermal conductivity이다.

$$q=-k\frac{\Delta T}{L}$$

양쪽 면에 주어지는 온도의 차이, 즉 퍼텐셜의 차이가 열전달이라는 플럭스를 만든다. 마이너스 부호를 붙인 것은 열이 높은 곳에서 낮은 쪽으로 온도가 감소하는 방향으로 흐른다는 의미다. 또 플럭스의 크기는 온도차, 즉 퍼텐셜 차이에 비례한다. 다시 말해 온도차가 두 배가 되면 열전달량도 두 배가 된다.

열전도율 k는 물체 고유의 물성치로서 두께나 형상과는 무관하게 일정한 값을 갖는다. 구리나 은과 같은 금속은 열전도율이 크고, 단열재나 공기 등은 열전도율이 매우 낮다. 열전도율이 높으면 주어진 온도차에 대해서 열전달량이 많다.

이와 유사한 법칙으로 물질 전달 법칙인 픽스 법칙Fick's law이 있다. 열은 온도가 높은 데서 낮은 데로 전달되는 것처럼, 물질의 경우는 농도가 높은 데서 낮은 데로 전달된다. 공기 중에 고농도의 가스가 방출되면 주변으로 널리 퍼져나간다. 또 물이 든 컵에 잉크를 한 방울 떨어뜨리면 그대로 머물러 있지 않고 저절로 확산되어 컵 속의 물 색깔이 전체적으로 균일해진다. 물질이 저절로 확산되는 것은 분자들의 무작위적인 브라운 운동Brownian motion에 기인한다. 브라운 운동은 분자 레벨의 미시적 거동을 나타내며, 픽스 법칙은 이로 인한 거시적인 물질 확산 속도를 설명한다.

이때 물질 전달량의 크기는 농도 기울기에 비례하고 비례상수는 그 물질의 확산계수diffusivity다. 물에 꿀을 넣으면 섞이면서 꿀물이 되는데 꿀은 고분자라서 잉크보다 확산계수가 작기 때문에 저어주지 않으면 상당히 더디게 섞인다. 확산계수는 확산 물질과 배경 용매에 따라 다른 값을 갖는다.

옴의 저항 법칙

전선을 통과하는 전류의 세기i는 전위차(전압차Δv)에 비례하고 저항R에 반비례한다. 역시 앞의 마이너스 부호는 전류의 방향을 가리키는 것으로서, 전압이 높은 데서 낮은 데로 흐른다는 의미다. 이를 옴의 법칙Ohm's law이라 하며 전기저항의 단위로 옴을 사용한다. 이 경우는 전위가 퍼텐셜이고 전류가 플럭스다. 학교에서는 보통 1차원적인 도선에 적용한 것을 옴의 법칙이라 배운다.

$$i = -\frac{\Delta V}{R}$$

전기저항은 전깃줄 또는 도체의 형상과 재질에 따라서 달라진다. 길이가 길수록 저항은 커지고, 굵을수록 전기의 통과 면적이 커져서 저항이 작아진다. 또한 재질에 따라서도 저항값이 달라진다. 구리나 은과 같은 금속은 전기가 잘 통하는 전도체라서 저항이 작고, 유리나 나무 등은 전기를 통하지 않는 부도체라서 전기저항이 매우 크다.

전기장에서 전위차와 전류의 관계를 옴의 법칙으로 설명하듯, 자기장에서 자위차와 자류의 관계는 비오사바르 법칙Biot-Savart law으로 설명한다. 전류는 양극에서 나와 음극으로 흐르듯, 자류는 N극에서 나와 S극 쪽으로 향하는 자기력선을 따라 흐른다. 또 전류의 세기는 전압차에 비례하듯이 자류의 세기는 자위차에 비례한다.

지구가 방출하는 자기장을 지자기라고 하는데, 자기력선은 남극 부근에 있는 N극에서 나와 북극 부근의 S극으로 들어간다. 그래서 자석의 N극이 북쪽을 가리키는 것이다. 지구 자기장은 우주에서 날아오는 온갖 해로운 방사선과 입자 등 우주선cosmic ray으로부터 생명체를 보호하는 방패와 같은 역할을 한다. 하지만 지자기는 영원 불변이 아니다. 지구의 N극과 S극은 수만 년에서 수십만 년에 한 번씩 위치를 바꾸는 '지자기 역전' 현상이 일어난다고 하니, 언젠가는 현재 북극의 S극이 N극으로 바뀔지도 모르는 일이다. 그렇다 해도 자기력선이 N극에서 나와 S극으로 들어가는 물리 현상만큼은 바뀌지 않겠지만 말이다.

다르시의 법칙

다공성 매질을 통과하는 유체의 속도는 양단에 주어지는 압력 차에 의해서 결정된다. 다공성 매질은 스펀지처럼 내부에 많은 구멍을 가지고 있다. 이때 다공성 매질 양단의 압력차가 퍼텐셜이고, 여기를 통과하는 유체가 플럭스다. 다르시의 법칙Darcy's law은 다공성 매질 양단에 압력차가 주어질 때, 유속v은 압력차ΔP에 비례하고 매질 길이L에 반비례한다는 법칙이다. 즉 유속은 매질 내의 압력 기울기에 비례하며, 이때 비례상수를 투수계수permeability라 한다. 투수계수 K는 다공성 매질의 특성에 따라서 결정된다. 같은 압력차에 대해서 엉성한 스폰지는 투수계수가 커서 물이 잘 흐르고, 조밀한 매질은 저항이 커서 유속이 적다.

$$v = -K\frac{\Delta P}{L}$$

토목공학에서는 다르시 법칙에 따라 토양 속 지하수의 유동을 해석한다. 지하수가 흐르는 방향과 유량은 땅속에 형성되는 압력 분포에 따라서 결정된다. 땅속에서 일어나는 셰일오일 가스의 흐름도 다르시 법칙을 따른다. 오늘날 셰일오일 가스를 저렴하게 채굴할 수 있는 것은 프래킹 fracking 기술 덕분이다. 물을 사용하기 때문에 수압파쇄법이라고 한다. 미국의 석유업자 조지 미첼George P. Mitchell이 평생에 걸쳐 많은 돈을 투자한 끝에 개발한 기술로서 땅속에서 수직-수평 방향으로 드릴 구멍을 뚫고 고압의 물을 분사해서 셰일 암석층을 파쇄한 후 오일과 가스를 뽑아내는 기술이다. 미국은 그동안 원유 수출을 금지해왔는데, 수압파쇄법 덕분에 2018년 세계 최대의 원유 생산국가가 되면서 원유 수출을 재개하고 어마어마한 경제적 효과를 누리고 있다.

퍼텐셜-플럭스 이론

지금까지 여러 가지 퍼텐셜-플럭스 쌍을 살펴보았는데, 흐름이 일방향일 때의 1차원 퍼텐셜-플럭스 쌍에 대한 설명이었다. 이제부터 1차원 흐름을 2차원이나 3차원 흐름으로 확장하고자 한다. 다음 내용은 수학적 표현이 조금 어렵게 느껴질 수도 있지만, 우리 주변에서 흔하게 볼 수 있는 현상을 단지 2차원 또는 3차원으로 확장시키는 과정으로 생각하면 된다. 어려워 보이는 수학적 표현도 공대에 들어가면 곧 익숙해질 것이다.

전류라 하면 주로 전선을 따라 흐르는 1차원적인 흐름을 생각하지만, 아래 그림과 같이 2차원 금속 평면에 흐르는 전류 벡터로 확장해볼 수 있다. 또 벽체를 통한 1차원적인 열전달을 3차원 공간상의 열전달 벡터로

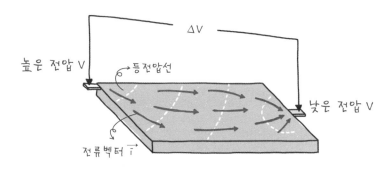

2차원 평판에서의 전류 벡터와 전압 분포

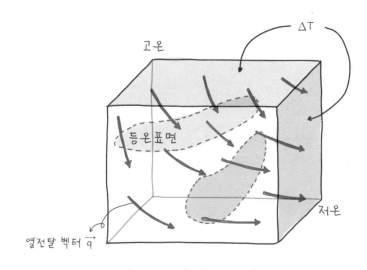

3차원 물체에서의 열전달 벡터와 온도 분포

확장해서 생각해볼 수도 있다. 전류나 열전달 등 플럭스는 일방향으로 흐르는 스칼라 양으로 알고 있지만, 2차원이나 3차원 공간에서는 방향과 크기를 갖는 벡터량으로 이해해야 한다. 또 플럭스 벡터는 위치마다 크기와 방향이 다른 값을 갖는다.

공간상의 어떤 분포를 장場, field이라 한다. 중력장, 전기장, 자기장은 많이 들어봤을 테고, 이 밖에 압력장, 온도장 등이 있다. '장'을 수학적으로 설명하면, 어떤 공간에서 이루어지는 퍼텐셜 함수 분포를 나타내는 것이다. 전기장은 전압이라는 퍼텐셜이 주어지는 공간이고, 온도장은 온도라는 퍼텐셜이 주어지는 공간을 의미한다. 실내 공간의 온도장은 3차원 공간의 함수, 즉 $T=T(x, y, z)$로 표현할 수 있다. 또 2차원 평판 내의 전기장 분포는 $V=V(x, y)$와 같이 표현할 수 있다.

일반적으로 어떤 퍼텐셜을 F라 하면, 1차원인 경우에 퍼텐셜 함수는 $F=F(x)$로, 2차원인 경우에는 $F=F(x, y)$로 나타낼 수 있다. F는 온도장에서는 T이고, 전기장에서는 V라 생각하면 된다. 퍼텐셜 함수가 1차원인 경우에는 방향 변수가 x 하나이므로 함수 F의 기울기 역시 $\frac{dF}{dx}$ 하나다. 하지만 퍼텐셜이 고차원이면 방향별로 기울기가 각각 존재한다. 다시 말해 x방향 기울기와 y방향 기울기가 개별적으로 존재한다. 3차원이라면 z방향 기울기도 존재한다. 그리고 각 방향 기울기를 성분으로 하는 벡터가 기울기 벡터다. 3차원 공간에서 플럭스가 벡터인 것처럼 퍼텐셜의 기울기 역시 벡터다.

누군가 등산을 마치고 산을 내려오고 있다. 날이 곧 어두워질 것 같아 최대한 빨리 하산하고 싶은데, 길을 잃은 것 같다. 이 사람은 어느 방향으로 내려와야 할까? 중력장에서 위치 퍼텐셜은 고도에 해당하고, 지도에서 등고선은 등퍼텐셜 선(퍼텐셜 값이 일정한 지점을 연결한 선)을 의미한다. 산의 높이를 나타내는 함수 $F=F(x, y)$에서 산의 기울기는 x(동쪽), y(북쪽) 방향으로 각각 존재한다. 실제로 산비탈에 섰을 때 동쪽 기울기와 북쪽 기울기는 서로 다르며 각각 독립적이다. 서로 상관이 없다는 의미다. 따라서 산의 기울기는 두 기울기를 성분으로 하는 벡터량으로 이해해야 한다. 이것을 그래디언트gradient 벡터 또는 기울기 벡터라 한다.

그래디언트 벡터의 방향은 가장 기울기가 급한 방향, 즉 등퍼텐셜 선(여기서는 등고선에 해당)을 수직으로 끊는 빙향이다. 등고선이 촘촘할수록 간격이 좁아지므로 기울기는 가파르다. 물은 언제나 등고선의 수직 방향으로 흘러내리며, 이 방향이 곧 그래디언트 방향이다. 따라서 이 등산객은 물이 흘러 내려가는 그래디언트 방향을 따라서 내려오면 된다. 실제로는 계곡물의 관성 때문에 계곡 물이 흘러내리는 방향은 그래디언트 방향과 다소 차이가 나지만 말이다.

지금까지 소개한 온도장과 열류, 전기장과 전류, 자기장과 자류 등의

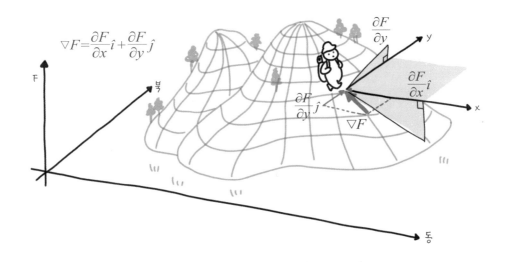

108

자연현상을 설명하는 법칙들을 모두 3차원 공간으로 확장시켜 일반화된 플럭스와 퍼텐셜 그래디언트 관계로 설명할 수 있다. 이 법칙들을 개별 현상으로 따로따로 이해하지 말고 하나의 통일된 '흐름의 법칙'으로 이해하자. 다음 표는 자연에서 일어나고 있는 현상들에 대한 플럭스–포텐셜 관계를 정리한 것이다. 여기서 ∇는 벡터미분작용자vector differential operator 라는 것으로 3차원 미분을 의미한다. 앞서 소개한 $\dfrac{dF}{dx}$가 1차원 기울기인 반면, 여기서 소개하는 ∇F는 x, y, z 방향으로의 기울기를 성분으로 하는 3차원 기울기 벡터, 그래디언트다.

$$\nabla F = \frac{\partial F}{\partial x}\,\vec{i} + \frac{\partial F}{\partial y}\,\vec{j} + \frac{\partial F}{\partial z}\,\vec{k}$$

퍼텐셜–플럭스 법칙은 플럭스 벡터와 퍼텐셜 기울기 벡터, 즉 그래디언트가 비례한다는 법칙이다. 즉 ∇F에 비례하여 플럭스가 흐르며, 그래

퍼텐셜과 플럭스의 예

	퍼텐셜	플럭스	법칙	비례상수	관계식
열전도	온도(T)	열유속($\vec{q}$)	푸리에 법칙	열전도율	$\vec{q} = -k\nabla T$
물질 확산	농도(C)	질량유속($\vec{m}$)	픽스 법칙	확산계수	$\vec{m} = -D\nabla C$
다공성매질 유동	압력(P)	유속($\vec{v}$)	다르시 법칙	투과율	$\vec{v} = -K\nabla P$
전기장	전위(V)	전류($\vec{i}$)	옴의 법칙	전기저항	$\vec{i} = -\dfrac{1}{R}\nabla V$
자기장	자위(U)	자류($\vec{B}$)	비오사바 법칙	투자율	$\vec{B} = -\mu\nabla U$
중력장	고도(z)	돌멩이 구름 속도($\vec{v}$)	위치 에너지	중력가속도	$\vec{v} = -c\nabla z$

디언트 방향으로 플럭스가 흐른다. 성분별로 설명하면, 플럭스의 x방향 성분은 x방향의 퍼텐셜 기울기에 비례하고, 플럭스의 y방향 성분은 y방향의 퍼텐셜 기울기에 비례한다.

$$\vec{q}=-k\nabla F$$

성분으로 표시하면 다음과 같다.

$$q_x=-k\frac{\partial F}{\partial x}, \quad q_y=-k\frac{\partial F}{\partial y}, \quad q_z=-k\frac{\partial F}{\partial z}$$

지금까지 퍼텐셜-플럭스 이론을 수학적 표현을 사용하여 설명했는데, 역삼각형 모양의 그래디언트라는 표현에 익숙하지 않아서 어려워 보일 뿐 그리 어려운 것도 아니다. 수식이 어려울 때는 일단 그림으로 그려보면

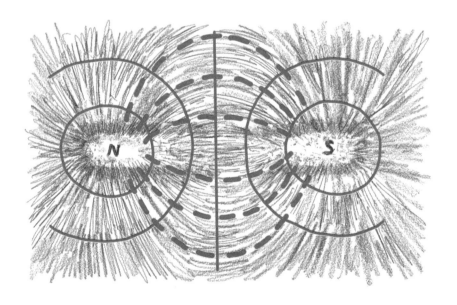

자석 위에 형성된 자력선

쉽게 이해된다. 초등학교 시절 과학 시간에 책받침 위에 쇳가루를 올려놓고 자석을 갖다 대는 실험을 해봤을 것이다. 이때 쇳가루가 일정한 방향으로 나열되는데 이 방향이 바로 자력선 방향(아래 그림에서 점선)이자 자기 플럭스의 방향이다. 또 자력선의 직각 방향으로 자위가 일정한 등자위선(아래 그림에서 실선)이 형성되는데, 이는 자기 퍼텐셜이 일정한 선이다. 그림을 보면 전체 공간은 자력선과 등자위선이 직교하는 격자를 형성함을 알 수 있다.

여기서 만일 N극과 S극을 양극과 음극으로 대체하면 자기장 대신 똑같은 모양의 전기장 분포를 얻을 수 있다. 이때 점선은 전류가 흐르는 전류선이자 전기 플럭스의 방향을 가리키고 실선은 전압이 일정한 등전위선, 또는 전기 퍼텐셜이 일정한 선이 된다. 마찬가지로 N극과 S극을 뜨거

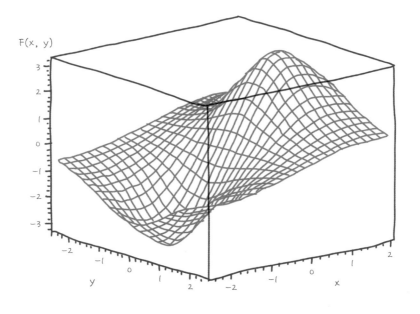

자기장을 입체적으로 나타낸 그래프

운 물체와 차가운 물체로 대체하면 열류선과 등온선이 된다. 또 N극을 산봉우리, S극을 분지로 생각하면 실선은 등고선이 되고, 점선은 돌멩이나 물이 흐르는 방향이 된다.

서로 직교하는 퍼텐셜과 플럭스의 쌍을 3차원 입체 형상으로 시각화하면 이해하기가 쉽다. 퍼텐셜이 높은 쪽은 위로 솟아 있고 낮은 쪽은 아래로 꺼져 있는 입체를 머릿속에 그려보자. 머릿속 프로그램을 풀가동하여 입체를 회전도 시켜보고 줌인, 줌아웃도 해보자. 익숙해지면 지도에 나타난 등고선만 봐도 머릿속에서 산이 3차원 지형을 그릴 수 있고, 살하면 계곡물의 흐름도 느낄 수 있을지 모르겠다.

퍼텐셜과 플럭스 법칙은 수준차에 비례해서 흐름이 발생하며 항상 높은 곳에서 낮은 곳으로 흐른다는 사실을 설명한다. 흐르는 물리량과 흐름을 유발하는 수준차를 확실히 구분하고, 가능하면 1차원적인 흐름을 확장해서 3차원적인 벡터 흐름으로 이해하면 좋다. 흐름의 법칙은 열이나 전류 등 물리량뿐만 아니라 문화의 흐름이나 도덕의 흐름에도 적용될 수 있는 자연스러운 법칙이라 할 수 있다. 홍콩 영화 수준이 높을 때 항류港流, 일본 게임이나 애니메이션의 인기를 일류日流라 했던 것처럼, 이제 우리나라 문화 퍼텐셜이 높으니 한류韓流라는 플럭스가 만들어지고 있다.

6
엔트로피 법칙

자연현상 중에는 저절로 일어나는 것이 있고 그렇지 않은 것이 있다. 어떤 변화는 특정 방향으로만 일어나고 반대 방향으로는 일어나지 않는다. 물은 높은 데서 낮은 데로 흐르고, 뜨거운 커피는 시간이 지나면 저절로 식는다. 하지만 물이 낮은 데서 높은 데로 흐르거나, 식은 커피가 저절로 뜨거워지는 현상은 일어나지 않는다.

앞서 설명한 보존의 법칙이나 흐름의 법칙은 변화의 크기를 설명할 뿐 변화의 방향이나 변화의 이유는 설명하지 못한다. 이제 소개할 법칙은 왜 어떤 일은 저절로 일어나는데 어떤 일은 저절로 일어나지 않는지, 그 이유를 설명한다. 바로 엔트로피 증가의 법칙이다.

'우주의 모든 현상은 엔트로피가 증가하는 방향으로 일어난다'는 엔트로피 증가의 법칙은 '자연현상의 비가역성과 시간적인 비대칭성을 설명하는 법칙'으로, 쉽게 말해 저절로 일어난 자연현상을 되돌리지 못하거나 시간을 되돌리지 못하는 이유를 설명하는 법칙이라고 할 수 있다.

원래 열역학적 개념에서 탄생한 엔트로피는 의미가 확장되어 무질서해지는 사회현상이나 경제를 설명하는가 하면, 최근에는 '정보 엔트로피'라 하여 디지털 정보통신과 인공지능의 이론적 토대를 제공하고 있다.

열역학 제2법칙

열역학에서 엔트로피는 온도나 압력 같은 하나의 물리량으로서 열전달량 δQ을 절대온도 T로 나눈 값이 엔트로피의 변화 ΔS라고 정의한다.

$$\Delta S = \frac{\delta Q}{T}$$

엔트로피 변화는 '열량'이라는 플럭스를 '절대온도'라는 퍼텐셜로 나눈 값으로 이해할 수 있다. 두 물체가 열량을 주고받으면 에너지 보존 법칙에 따라 에너지는 0이 되지만, 열량을 온도로 나눈 엔트로피는 주고받을 때 0이 되지 않는다. 같은 열량을 교환하더라도 저온에서 받은 엔트로피가 고온에서 내준 엔트로피보다 크다. 외부에서 열이 전달되면 시스템의 에너지가 증가하듯 엔트로피도 증가한다. 그런데 에너지는 받은 열량만큼 증가하지만, 엔트로피는 열량을 자신의 온도로 나눈 값만큼 증가한다. 즉 같은 열량을 받더라도 온도가 낮은 물체일수록 엔트로피 증가가 많고, 온도가 높을수록 엔트로피 증가가 적다. 열을 빼앗길 때는 에너지가 감소하고 엔트로피도 감소한다. 엔트로피 변화량 역시 물체의 온도가 낮을수록 많고, 온도가 높을수록 적다.

실제 값을 넣어서 좀 더 구체적으로 설명해보자. 온도가 높은 물체 A(350캘빈)에서 온도가 낮은 물체 B(300캘빈)로 100줄만큼의 열량이 전달되면, 물체 A는 에너지가 100줄 감소하고 B는 100줄이 증가하여 전체 에너지는 보존된다. 반면 엔트로피는 열을 받은 물체 B가 $\frac{100J}{300K}$만큼 증가하고, 열을 빼앗긴 물체 A는 $\frac{100J}{350K}$만큼 감소하므로 이 둘을 합친 전체 엔트로피는 $+\frac{100}{300}-\frac{100}{350}=+0.047 J/K$만큼 증가한다.

뜨거운 물체에서 차가운 물체로 열이 전달되는 현상은 엔트로피가 증가하는 방향이므로 자발적으로 일어나며, 결국은 두 물체 사이의 온도차는 없어진다. 반대로 차가운 물체에서 뜨거운 물체로 열이 전달되어 온도차가 오히려 커지는 현상은 앞에서 든 예와 반대로 엔트로피가 감소하므로 스스로 일어날 수 없다. 다시 말해 열적인 측면에서 볼 때 불균일한 온도차가 있을 때 자연현상은 균일화되는 방향, 즉 온도차가 없어지는 방향으로 일어난다.

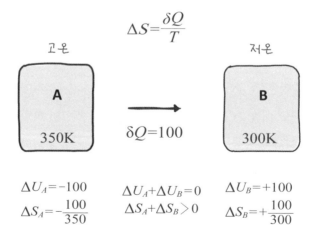

시간이 흐르면 두 물체의 온도는 같아지고 평형에 이른다. 온도차가 없어지면 어떤 변화나 움직임도 없어진다. 앞서 '흐름의 법칙'에서 설명했듯이 우리 우주는 온도차나 농도차, 고도차 등 어떤 수준의 차이로 인해 변화하고 움직인다. 그런데 이런 차이가 모두 사라진다면 어떤 변화도 움직임도 사라질 것이다. 더 이상 자발적인 변화가 일어나지 않고 '일을 할 수 없게' 되거나 '쓸모가 없어진다'. 다시 말해 온도가 균일화되고 엔트로피가 증가하면서 어떤 변화나 움직임을 일으킬 수 있는 유용한 에너지가 소멸된다. 궁극적으로 모든 것이 균일화되면 더 이상 어떠한 변화도 일어나지 않는 '열역학적 죽음'에 도달하게 된다.

열역학 제1법칙은 방향과 관계없이 양적인 측면에서 에너지의 합이 일정하다고 설명하지만, 열역학 제2법칙은 유용한 에너지가 저절로 줄어들면서 점차 쓸모없는 에너지로 바뀐다는 변화의 방향성을 설명한다. 열역학 제2법칙에 따르면 모든 자연현상은 엔트로피가 증가하는 방향으로 일어난다. 다시 말해 시스템의 엔트로피와 주위의 엔트로피를 합친 우주 전체의 엔트로피는 계속 증가하기만 한다는 것이다.

통계 열역학

세상은 수많은 원자와 분자로 이루어져 있다. 공기 1리터에 들어 있는 분자 수만 해도 대략 3×10^{22}개이니 분자의 운동을 일일이 따라갈 수가 없다. 그렇게 해서 등장한 학문이 통계 열역학이다. 통계 열역학은 개별 입자의 운동을 미시적으로 하나하나 다루는 것이 아니라 여러 입자들을 커다란 하나의 집단으로 보고 통계적으로 다루어 거시적인 물질의 열역학적 성질과 연결시킨다. 입자들의 운동 상태가 결과적으로 열이라는 것으로 나타나기 때문이다.

통계 열역학에서는 엔트로피를 분자 운동에 대한 확률 현상으로 보며, 경우의 수 W에 로그를 취한 값으로 정의한다. 쉽게 말해 경우의 수가 많을수록 로그값에 비례해서 엔트로피가 커진다. 여기서 비례상수 k는 볼츠만 상수다 ($k=5.67\times10^{-8}\,W/m^2K^4$).

$$S=k\log W$$

이 식은 19세기 오스트리아의 물리학자 루트비히 볼츠만Ludwig Eduard Boltzmann이 세운 식으로, 빈의 중앙묘지에 있는 그의 묘비에 묘비명으로 새겨져 있다. 볼츠만은 주변으로부터 자신의 주장을 인정받지 못해 극심한 스트레스에 시달리다가 안타깝게 스스로 생을 마감했는데, 나중에야 비로소 엔트로피에 관한 그의 연구 업적이 인정을 받게 된다.

통계 열역학에서는 엔트로피 증가 법칙에 관해 경우의 수가 적은 질서 있는 분자 상태에서 경우의 수가 많은 무질서한 상태로 저절로 이동한다고 설명한다. 경우의 수가 1이면 엔트로피가 0이고, 경우의 수가 많아질수록 엔트로피는 증가한다. 즉 열역학적으로 엔트로피가 증가한다는 것은 그렇게 될 확률이 높은 상태로 자발적으로 옮겨 간다는 것을 의미한다. 수많은 기체 분자들이 한곳에 몰려 있을 경우의 수보다 골고루 흩어져 있을 경우의 수가 많다. 따라서 한군데 모여 있던 기체 분자는 자발적으로 전체 공간으로 확산된다. 방귀를 뀌면 가스가 한곳에 모여 있지 않고 자연스럽게 전체 공간으로 확산됨으로써 엔트로피를 자연스럽게 증가시킨다.

또 하나, 동전의 예를 들어보자. 여러 개의 동전이 모두 앞면이 위로 향해 가지런히 놓여 있을 경우의 수는 1이지만, 앞뒤가 뒤섞여 있을 경우의 수는 확률적으로 많다. 질서 정연하게 놓여 있던 동전들을 마구 섞으면 뒷면으로 바뀌는 동전이 하나둘 나타나기 시작한다. 이를 계속하면 결국 앞뒷면이 절반씩 차지하게 되는데, 이때가 확률적으로 경우의 수가 가장 많은 상태다. 즉 엔트로피가 가장 높은 상태다. 동전을 계속 뒤섞으면 언젠가는 앞면만 나오는 경우가 있지 않을까 하는 생각이 들 수도 있다. 그럴 가능성이 0은 아니지만, 실제로는 아무리 계속해도 저절로 모든 동전이 한 방향으로 놓이는 상태로 돌아가지 않는다. 이것이 통계 열역학에서 이야기하는 엔트로피 증가의 법칙이다.

통계 열역학에서 엔트로피가 증가한다는 것은 그리될 확률이 높은 무질서한 상태로 자발적으로 옮겨 간다는 것을 의미한다. 그래서 엔트로피를 '무질서도'로 이해하고, 잘 정돈되어 있던 것들이 시간이 지나면서 저절로 어질러진다고 설명한다. 여기서 무질서하다는 것을 '질서가 없다'고 이해하기보다는 '무작위적으로 섞여서 균일화되고, 서로 구별되지 않는 상태에 있다'고 이해하는 것이 좋다. 누구나 경험하듯이 잘 정돈된 책상은 저절로 어질러지기는 해도, 어질러진 책상이 저절로 정돈되지는 않는다. 이것 역시 엔트로피 증가의 법칙 탓으로 돌릴 수 있지 않을까.

정보 엔트로피

19세기 열역학의 개념으로 탄생한 엔트로피가 지금은 사회경제적인 현상을 설명할 때도 쓰일 정도로 그 의미와 쓰임새가 확장되었다. 특히 볼츠만의 통계 열역학적 엔트로피 개념은 정보 이론의 토대가 되었다. 미국의 전기공학자 클로드 섀넌Claude Shannon은 '정보 엔트로피'라는 개념을 만들어냈다. 그는 정보 엔트로피를 '불확실성의 정도' 또는 '미지의 정도'로 규정하고, 그런 일이 생길 수 있는 평균적인 로그 확률로 정의했다. 로그 확률이란 확률변수에 로그를 취한 값이다. 로그는 곱셈으로 늘어나는 수를 덧셈으로 바꿔주어 큰 수를 편리하게 다룰 수 있도록 해준다. 정보 엔트로피를 식으로 나타내면 다음과 같다.

$$S = -k\Sigma P_i \log_2 P_i$$

눈치챘을지 모르겠지만, 앞서 통계 열역학에서 사용한 경우의 수 W를 각각의 확률 P_i로 그대로 대체한 식이다. 정보 엔트로피는 발생할 수 있는 모든 사건의 정보량을 확률적으로 더한 값이라고 할 수 있다. 만약 하나의 정보가 가지고 있는 정보량 I를 단편적으로 나타내고 싶다면 다음 식을 사용한다. 식에서 n은 경우의 수로서 발생할 확률 P의 역수다.

$$I = -\log_2 P = \log_2 n$$

정보 엔트로피가 높다는 것은 경우의 수가 많은 상태, 즉 각각의 경우가 일어날 확률이 낮고 불확실성이 높은 상태를 말한다. 그러다가 추가적인 정보가 주어지면 불확실한 상태에서 벗어나므로 정보 엔트로피는 낮아진다. 다시 말해 모름의 상태에서 앎의 상태로 넘어갈 때 주어진 정보량만큼씩 정보 엔트로피가 감소하는 것이다. 그러다가 미지의 상태가 완전히 소멸되면 경우의 수가 1인 확정된 상태, 즉 정보 엔트로피가 0인 상태가 된다.

비트라는 단어는 컴퓨터나 스마트폰을 쓰면서 숱하게 접하는 단어다.

이는 정보량의 단위다. 정보량은 경우의 수에 로그를 취한 값으로 표현할 수 있다. 경우의 수는 거듭제곱에 따라 증가하므로 로그를 취하면 정보량과 선형적인 관계가 된다.

예를 들어 동전 하나를 던질 때 나올 수 있는 결과는 앞면 아니면 뒷면이므로 경우의 수는 2이고, 정보량은 $\log_2 2^1 = 1$이 되어 1비트다. 동전 두 개를 던지면 경우의 수는 4이고, 정보량은 $\log_2 2^2 = 2$비트다.

만약 여덟 장의 카드 중에서 마음속으로 정한 스페이드 에이스를 골라내려면 몇 번 물어봐야 할까? 색깔과 모양, 그림, 세 번의 질문을 하면 된다. 즉 3비트의 정보가 필요하다. 처음에는 확률이 $1/8 = 1/2^3$인 불확실한 상태에서 시작했다가 세 차례 질문을 하면서 3비트의 정보를 얻게 되었고, 마침내 확률은 1이고 정보 엔트로피가 0으로 확정된, 확실히 알려진 상태에 도달하게 된다.

$$S_{\text{after}} = S_{\text{before}} - I$$

$$\downarrow \qquad \downarrow \qquad \downarrow$$

$$\log_2 1 = 0\,\text{bit} \quad \log_2 8 = 3\,\text{bit} \quad 3\,\text{bit}$$

잘 알려진 스무고개라는 게임은 20번의 예/아니오 질문을 통해서 정답을 찾아간다. 이때 경우의 수는 2^{20}가지다. 따라서 스무고개를 달리 표현하면 20비트의 정보를 가지고 문제의 정답을 맞추는 게임이다. 그런데 경우의 수가 2^{20}이라면 100만 가지나 되므로 20비트라고 해도 결코 적은 정보가 아니다.

7

엉뚱과학 이론

컴퓨터 메모리보다 CPU가 중요한 것처럼 과학 지식을 많이 저장하고 있는 것보다 올바르게 생각할 줄 아는 것이 훨씬 중요하다. 과학 법칙을 모르면 책이나 인터넷을 찾아보면 되지만, 생각할 줄 모르면 어떻게 할 도리가 없다. 그런 의미에서 과학을 공부할 때는 사고 능력을 키우는 데 초점을 맞춰야지, 지식을 무작정 암기하거나 무비판적으로 받아들이면 안 된다. 자신의 합리적인 사고 능력을 스스로 시험할 수 있도록 몇 가지 엉뚱 과학 이론을 소개하려 한다. 소개된 내용 중 사실이 아닌 것이 섞여 있으니 비판적 시선으로 옳고 그름을 판단해보기 바란다.

무거운 것이 빨리 떨어진다?
낙하속도 질량비례의 법칙

오래전부터 중력에 의한 낙하 속도는 질량에 비례한다는 법칙이 있었다. 누구나 경험하듯이 무거운 물체는 빠르고 육중하게 떨어지는 반면, 가벼운 물체는 사뿐하고 느릿하게 떨어진다. 그래서 높은 데서 사람이 떨어지면 크게 다치지만, 고양이는 사뿐히 내려앉는다. 먼지나 벌레 같은 것들은 더 말할 나위 없다.

'낙하 속도가 질량에 비례한다'는 법칙은 아리스토텔레스가 제시한 이론이다. 그리스 최고의 철학자이자 과학자인 대학자가 한 얘기이니 믿지 않을 수가 없다. 하지만 후에 갈릴레오라는 사람이 나타나서 이 오래된 법칙이 잘못되었다고 주장했다. 낙하 속도는 질량에 관계없이 일정하다는 것이다. 갈릴레오는 피사의 사탑에서 실험을 해보니 질량이 다른 두 물체가 동시에 지면에 떨어졌다고 주장했다. 누구 말이 옳을까?

뜨거운 것이 더 무겁다?
열 질량 이론

온도가 올라가면 대부분의 물체는 부피가 늘어난다. 이를 열팽창이라 하는데, 부피만 늘어나는 것이 아니라 무게도 함께 늘어난다는 이론이다. 온도가 올라가면 '열'이라고 하는 입자가 물체 속으로 들어가서 부피와 무게를 증가시킨다. 여기서 열 입자는 유체와 같은 물질로서 탄성을 가지며 일반 물질에 부착되거나 침투한다.

17세기 과학자들은 열 입자의 무게를 측정하기 위해 정밀하고 체계적인 실험을 수행했다. 천칭 양쪽에 똑같은 크기의, 온도만 다른 두 물체를 올려놓고 무게 차이를 측정했다. 온도를 바꿔가면서 많은 실험을 수행했지만, 온도 증가에 따라 늘어난 무게를 확실하게 측정하지 못했다. 하지만 그들이 성공적인 실험 결과를 얻을 수 없었던 것은 열 질량 이론이 잘못돼서가 아니라 자신들이 사용한 저울 때문이라고 생각했다. 그러면서 훗날 정밀한 저울이 개발되어 자신들의 이론이 입증될 수 있을 것으로 믿었다. 과연 그럴까?

열에도 관성이 있다?
열 관성의 법칙

뉴턴의 제1법칙에 따르면 정지해 있는 물체는 계속 정지해 있으려 하고 움직이는 물체는 계속해서 등속운동을 하려 한다. 그런데 관성의 법칙은 질량뿐 아니라 열 흐름에 대해서도 적용할 수 있다는 이론이 있다. 즉 열은 흐르지 않을 때는 관성 때문에 물체 속에 그대로 정지해 있지만, 일단 흐르기 시작하면 마치 봇물이 터지듯 계속 흐르려고 한다는 법칙이 열 관성의 법칙이다. 이 법칙은 앞서 소개한 열 질량 이론과도 관련이 있다.

뜨거운 물체에 살짝 손을 대면 처음에는 그리 뜨겁게 느껴지지 않는다. 열이 물체 속에서 움직이지 않고 가만히 머물러 있기 때문이다. 하지만 손을 꾹 누른 채 한참을 접촉하고 있으면 점점 뜨겁게 느껴진다. 열이 흐르기 시작하면서 관성에 의해 빠르게 흐르기 때문이다. 식당 아주머니가 건네주는 뜨거운 밥공기를 받아들고 밥공기가 점점 뜨거워지는 것을 직접 느껴보자. 이것은 열 관성 때문일까, 아니면 다른 이유가 있는 걸까?

속도가 빠르면 가벼워진다?
속도에 의한 무게저감 효과

빠르게 날아다니는 것들은 대개 가벼워 보인다. 하늘을 나는 새가 무거워 보이는가? 가벼워야 잘 날 수 있고, 빨리 날수록 가벼워진다. 이러한 현상을 속도에 의한 무게 저감 효과라 하며, 일상생활에서 누구나 무의식적으로 인식하고 있다. 영화 속에서 주인공이 전속력으로 질주하면 강물로 빠지지 않고 끊어진 다리를 무사히 통과한다. 달리는 속도가 빨라지면 무게가 가벼워지면서 낙하 속도가 느려지므로 무사히 지나갈 수 있는 것이다. 이론적으로 속도가 무한대가 되면 무게는 0이 되고 따라서 낙하 속도가 0이 된다.

걸어갈 때도 마찬가지다. 축지법과 확지법을 쓰는 도인들의 주장에 따르면 물에 빠지지 않기 위해서 수면 위를 최대한 빨리 걸어가면 된다. 왼쪽 발이 빠지기 전에 오른쪽 발을 내딛고, 오른쪽 발이 빠지기 전에 왼쪽 발을 내딛으면 된다는 것이다. 그런데 아인슈타인은 특수상대성이론에서 속도가 빨라지면 질량이 증가한다고 설명한다. 누구의 말을 따라야 할까?

속도가 빠르면 차가워진다?
고속의 냉각효과 이론

잘 알려진 바와 같이 물체의 운동에너지 $E = \frac{1}{2}mv^2$이므로 질량에 비례하고 속도의 제곱에 비례한다. 열역학 제1법칙에 따르면 물체가 가지고 있는 총에너지는 보존되어야 하므로 운동에너지가 커지면 다른 에너지가 작아져야 한다. 즉 속도가 빨라지면 운동에너지가 커지고 그만큼 열에너지가 작아져야 한다. 열에너지가 작아진다는 것은 온도가 내려간다는 것을 의미한다. 따라서 속도가 빨라지면 온도가 내려가는 냉각 효과가 발생한다.

경험적으로도 바람이 세게 불면 시원함을 느끼고, 빠른 물체가 지나가면 간담이 서늘해진다. 또 고속 주행하는 자동차 표면이나 하늘을 나는 비행기 동체 표면의 온도가 낮아지는 것을 관찰할 수 있다. 그런데 아직까지 이런 효과를 공학적으로 이용해 냉동기나 에어컨을 만들었다는 보고는 없다. 고속의 냉각효과 이론을 이용해 시원한 냉동기를 만들어볼 사람은?

바다는 무한의 에너지를 가지고 있다?
무한 에너지 이론

화석연료를 과다하게 사용하면서 지구가 점점 더워지고 있다. 연구에 따르면 지난 100년 동안 지구 온도가 약 섭씨 0.74도 올라갔다고 한다. 인류는 지금 지구온난화 방지를 위해 에너지 효율을 높이고 다양한 에너지원 개발에 진력하고 있다.

새로운 에너지원으로 끝없이 펼쳐져 있는 바다는 매력적이다. 지구에 있는 물의 양은 약 14억 세제곱킬로미터인데, 여기서 섭씨 1도에 상당하는 열량을 뽑아서 쓸 수 있다면 그 에너지량은 다음과 같다.

$$E = mC_p\Delta T$$
$$= (14 \times 10^{17} kg)(4184 J/kg\,°C)(1\,°C)$$
$$= 5.86 \times 10^{21} J$$

바닷물 전체의 100분의 1, 즉 1도가 아니라 0.01도만 활용한다고 가정해도 2019년 세계 총에너지 소비량인 1만 4,000MTOE메가 석유환산톤, Ton of oil equivalent, TOE의 약 1,000배라는 어마어마한 에너지가 된다. 무한의 바다 에너지를 활용할 아이디어를 낼 사람은?

저절로 돌아가는 영구기관을 만들 수 있다?
무한동력 영구기관

영구기관은 외부에서 동력을 공급받지 않고 저절로 돌아가는 꿈의 동력기관을 말한다. 영구기관을 만들 수 있다면 인류의 에너지 문제는 말끔하게 해결할 수 있으며, 화석연료의 고갈이나 연소에 의한 환경 문제를 한번에 해결할 수 있다.

영구기관을 개발하려는 시도는 고대 그리스 시대까지 거슬러 올라간다. 고대 철학자이자 수학자이며 과학자인 아르키메데스가 영구기관을 제안했다. 수차를 돌려 물을 위로 퍼 올리는 기계인데, 퍼 올린 물의 일부를 아래로 떨어뜨리면서 그 힘으로 다시 수차를 돌리도록 한 것이다. 이후로 수많은 과학자들에 의해 수많은 형태의 영구기관이 제안되었다. 부력을 이용한 것, 원심력을 이용한 것, 전자기력을 이용한 것 등 기가 막힌 아이디어가 발휘되어 기상천외한 영구기관을 설계했다. 그중 회전력을 이용한 오네쿠르의 쇠망치는 회전차에 달린 쇠망치가 펼쳐지면서 팔 길이가 길어져 좌우

아르키메데스의 수차를 이용한 영구기관   오누클의 쇠망치 수레바퀴

회전 모멘트에 차이가 생겨 저절로 돌아가는 기계다.

　지금도 지구촌 곳곳에서 영구기관을 개발하기 위해 실험실에서 평생을 바치는 사람들의 소식이 가끔씩 언론에 전해진다. 아직 성공한 예는 없지만, 오만하기 이를 데 없는 열역학에 대해 반증하고 영구기관의 존재를 입증하고 싶어 한다.

　에너지 보존 법칙을 옹호하고 허황된 믿음을 갖지 않도록 영구기관을 영원히 배척해야 할까, 아니면 우연이나 사고로라도 불가능이 가능으로 바뀔 수 있도록 희망의 문을 계속 열어두어야 할까? 열역학을 믿어야 할까, 영구기관을 믿어야 할까? 그것이 문제로다.

3부

복잡한 세상을 단순하게 다듬는
엔지니어링
모델링

1
공학과 수학적 모델링

　공학을 비롯한 모든 학문은 결국 미래를 예측하기 위한 것이다. 우리가 공부를 하는 이유도 자신의 전문 분야에서 앞으로 일어날 일을 예측하고, 필요한 경우 전문가로서 남들보다 먼저 사회에 경종을 울리기 위해서다. 역사가는 과거의 일을 바탕으로 미래 사회를 예측하고, 경제학자는 경제 모델을 세워 향후 국가 경제를 전망한다. 과학자는 자연을 관찰하면서 지구의 환경 변화를 예고하고, 공학자는 새로운 시스템의 작동 모델을 만들어 성능과 효율을 검증한다.

　모델링이란 모델을 만드는 일이다. 공학 분야에서 모델이라 하면 실험용 모형을 의미하기도 하지만, 여기서 얘기하는 공학 모델은 시스템의 특성을 파악하기 위한 추상적인 의미의 수학적 해석 모델이다. '수학'이라는 단어가 들어갔다고 미리 겁먹을 필요는 없다. 실물 모형을 만들 때 다루기 쉽도록 크기를 줄이고 단순하게 만드는 것처럼, 수학적 해석 모델 역시 공학 문제를 분석하기 쉽도록 복잡한 실제 현상을 단순하게 만들어 방정식이나 함수 형태의 수학식으로 추상화하는 것이다. 이렇게 자연현상이나 공학적 성능을 수식으로 나타내는 작업을 수식화 또는 공식화formulation라고 한다. 문제를 '수식' 또는 '공식'으로 표현한다는 의미다. 고등학교까지 수학 공부는 주로 주어진 문제를 푸는 것이었지만, 공학을 전공하면서부터는 스스로 문제를 파악하고 관련된 수식을 만들어내는 공부를 하게 된다.

수식을 만드는 작업은 주어진 수식을 푸는 작업보다 더 어려울 수 있다. 우선 풀어야 할 문제가 뭔지 정확하게 파악해야 한다. 마치 문제의 본질을 꿰뚫고 있어야 좋은 질문을 할 수 있는 것과 같은 이치다. 답을 모르더라도 얼마든지 좋은 질문을 할 수 있는 것처럼, 해법을 몰라도 공학 모델은 잘 만들 수 있다.

이해를 돕기 위해서 간단한 수학 모델링의 예를 들어본다. 가족 구성원이 매일 사과를 하나씩 먹기 위해서 소요되는 연간 비용을 계산하는 모델을 생각한다. 쉽게 365일×4명×사과 값을 계산하면 되지만, 실제로는 여러 가지 사정이 생길 수 있다. 사과를 못 먹는 가족도 있을 것이고, 때에 따라 사과 값도 달라진다. 따라서 문제를 단순화해서 비용을 계산하게 된다. 사과 값의 평균 예상 가격을 적용하고, 개인별로 못 먹는 날짜를 고려한 일종의 계수를 적용함으로써 단순화된 수학 모델을 만들 수 있는 것이다. 가정을 어떻게 세우고 계수를 어떻게 산정하느냐에 따라 결과는 달라진다.

집회 시위에 참석한 인원수를 추산하는 문제가 있다. 항공사진을 찍어서 단위 면적당 평균적인 사람 수를 세고 집회 면적을 곱해서 전체 인원수를 산정하는 방법도 있고, 그 일대에서 와이파이 신호에 잡힌 휴대전화 댓수를 헤아리는 방법도 있다. 모두 나름대로 단순화하는 작업이 필요하고 단순화 과정에서 오차가 발생한다. 모델의 정확도는 가정의 타당성, 단순화 작업의 정도, 올바른 과학 법칙의 적용 여부에 따라서 결정된다.

공학 문제의 경우, 간단한 문제는 대수 방정식 모델로 주어지기도 하지만 대부분의 복잡한 문제는 미분방정식의 형태로 나타난다. 결과가 단순히 변수의 '값'에 따라서 결정되는 경우에는 대수방정식 모델이 만들어지고, 변수의 값뿐 아니라 그 값의 '변화량'과도 관련될 때 미분방정식 형태의 모델이 만들어진다. 이 장에서는 공학 분야에서 수학적 모델링을 할 때 적용하는 닮은꼴 법칙, 차원해석, 관계의 법칙 등 기본 법칙들을 소개하고 마지막에는 각 전공별 공학 문제에 관한 수학적 모델링의 예를 보인다.

문제 풀기 아닌 문제 만들기

공학 문제를 모델링하는 과정을 보이기 위해 간단한 자유낙하 문제를 예로 들어보려고 한다. 특수부대원들은 고공에서 낙하할 때 처음부터 낙하산을 펼치지 않고 한동안 그대로 낙하하다가 마지막 순간에 펼친다. 낙하산을 너무 빨리 펼치면 낙하 시간이 길어져 적에게 노출되기 쉽고, 너무 늦게 펼치면 지면과 가까워 위험해질 수 있다. 그렇다면 비행기에서 뛰어내리고 난 후 얼마나 지난 다음에 낙하산을 펼쳐야 좋을까? 지금부터 공중 낙하 문제에 대해서 우리가 알고 있는 과학 원리를 적용하여 수학식으로 표현되는 낙하 모델을 만들어보자.

덧붙이고 싶은 말은 수식이 꽤 나오지만, 풀기 위한 수식이 아니라 '만들어가는 수식'이므로 풀이 방법이나 결과에 대해서는 크게 신경 쓰지 않아도 된다. 주의 깊게 살펴볼 것은 수식의 답이 아니라 실제 자연현상에 대해서 과학 법칙이 어떻게 적용되는지 수학식으로 표현되는 과정, 즉 모델이 만들어지는 과정이다.

관련 변수 찾기

이 문제는 비행기에서 뛰어내린 특수부대원들의 낙하 속도와 낙하 거리에 관해 시간의 경과에 따른 예측 모델을 세우는 문제라고 할 수 있다. 모델링을 할 때 가장 먼저 해야 할 일은 현상을 지배하는 인자들, 즉 관련 변수들을 파악하는 일이다. 해당 현상을 과학적으로 이해하고 있어야 관련 변수를 찾을 수 있다.

예를 들어 고공 낙하할 때 시간 경과에 따른 낙하 거리를 계산하려면 부대원의 몸무게와 장비 무게를 비롯해 대기 흐름에 의한 공기 항력 등을 고려해야 한다. 공기 항력은 부대원의 의복 상태나 공기의 밀도에 따라서 달라질 수 있다. 또 공기의 밀도는 고도와 온도에 따라 달라질 수 있다. 관련 요소를 하나하나 엄밀하게 고려하자면 한도 끝도 없다. 처음부터 너무 복잡하게 시작할 수 없으므로 어느 정도의 가정을 통해서 문제를 단순화하는 것이 좋다.

우선, 모델에 관련된 변수는 모두 나열하고 단순화 과정을 통해 중요

변수를 추린다. 처음에는 변수의 개수를 가급적 줄이는 것이 좋다. 이런 저런 가정을 하지 않으면 관련 변수가 많아진다. 변수가 많으면 실제 상태를 더 정확하게 반영할 수 있을지는 몰라도, 쓸데없이 복잡해져 결국에는 손도 못 댈 정도가 된다. 이제 변수들을 나열해보면 다음과 같은 일반적인 함수 형태가 된다. 이 수식을 번역하면 '결과 값 y는 변수 x_1, x_2, x_3 등에 의해서 결정된다'란 뜻이다.

$$y = f(x_1, x_2, x_3, \cdots)$$

이 식은 y를 풀려는 수식이 아니다. y라는 결과에 영향을 미치는 변수들이 x_1, x_2, x_3 등이라는 사실을 이야기해주는 수식이다. 그런데 이러한 수식은 문과생들은 수식이라는 이유만으로 그냥 싫고, 이과생들은 풀지도 못하는 식이 무슨 소용이냐며 싫어한다. 이 작업은 언뜻 보기에 별 의미 없이 변수만 나열하는 것처럼 보일지도 모른다. 하지만 새로운 현상에 대한 모델을 만들어낼 때 가장 먼저, 반드시 거쳐야 할 단계다. 결과에 영향을 주는 변수를 나열하는 것만으로도 많은 사실을 알아낼 수 있으며, 도출한 변수들에 대해 깊이 고찰하면서 현상에 대한 깊은 통찰력을 얻을 수 있기 때문이다. 결과에 영향을 미치는 변수를 어디까지 고려할 것인가에 따라서 수학적 모델도 달라진다(자세한 내용은 뒤에서 설명할 것이다).

자, 이제 앞에서 제시했던 문제를 다시 한번 생각해보자. 비행기에 뛰어내린 특수부대원들의 낙하 속도와 낙하 거리가 시간에 따라 어떻게 변하는지 찾는 문제다. 자유낙하에서 낙하 거리를 결정하는 변수로 낙하 시간과 중력가속도 g, 질량 m과 공기 항력 등을 생각할 수 있지만, 일단 공기 항력은 무시하고 가장 간단한 모델을 생각해본다. 예상되는 관련 변수를 함수 형태로 나열하면 다음과 같이 된다.

$$낙하\ 거리 = f(낙하\ 시간,\ 중력가속도,\ 질량)$$

➡️ $h = f(t,\ g,\ m)$

다시 말해 낙하 거리 h는 낙하 시간 t의 경과에 따라서 주어진 질량 m과 중력가속도 g에 의해 결정된다는 말이다. 그런데 만약 자유낙하를 할 때 속도는 질량과 무관하다는 사실을 미리 알고 있는 사람이라면 처음부터 질량은 변수에 넣지 않을 것이다.

관계식 유도하기

관련 변수들을 나열했다면 다음 단계로 넘어간다. 이 변수들로 표현되는 물리량 사이의 관계식을 만드는 것이다. 여기서 관계식은 2부에서 설명했던 상식적인 과학 법칙이나 원리 중 하나가 될 것이다. 들어간 양과 나간 양이 같아야 한다는 보존 법칙이나, 이쪽과 저쪽이 서로 균형을 이뤄야 한다는 평형의 법칙과 같은 것들 말이다.

여기서 예로 든 낙하 문제는 가속도와 관련된 문제이므로 '관계식'으로 힘과 가속도의 관계를 설명하는 뉴턴의 제2법칙, $F=ma$를 적용해야 한다. 애초에 공기 항력을 무시하기로 했으므로 작용하는 힘은 중력밖에 없다. 나열된 변수들을 써서 중력에 의한 무게를 나타내면 mg다. 또 가속도 a는 물체의 낙하 거리 h를 두 번 미분한 것$\left(a = \dfrac{d^2h}{dt^2}\right)$이므로 다음과 같은 간단한 미분방정식으로 표현된다.

$$m\frac{d^2h}{dt^2}=mg$$

양변에서 m은 소거되고 g는 상수이므로 낙하 거리 h는 시간 t의 함수로 쉽게 구해진다. 초기 속도가 0일 때 해는 다음과 같이 구해진다.

$$h(t)=\frac{1}{2}gt^2$$

낙하 모델이 매우 단순하여 수학적 모델을 구하자마자 결과도 쉽게 바로 구할 수 있었다. 잘 알려진 대로 낙하 거리 h는 시간 t의 이차함수로 표현된다. 결과식은 중요한 사실 하나를 더 알려주는데, 낙하 거리는 질량과 관계가 없으며 낙하 시간과 중력가속도에 의해서 결정된다는 사실이다.

모델을 검증하고 개선하기

모델이 올바른 결과를 내는지 검증하기 위해서는 실험 결과와 비교하고, 차이가 크다면 모델을 개선한다. 많은 가정이 들어간 단순한 모델일수록 실제 결과와 잘 맞지 않고 오차가 크게 마련이다. 따라서 좀 더 정확한 결과를 원한다면 공기의 저항이나 기타 무시했던 요소들을 추가해서 모델을 개선해야 한다. 정확한 결과를 원할수록 모델이 점점 복잡해지는 것은 감수해야 한다.

앞서 소개한 자유낙하 모델에 공기의 저항까지 고려해서 새로운 모델을 만들어보자. 공기의 항력은 낙하물체의 단면적, 공기의 밀도, 그리고 항력계수에 의해서 결정된다. 따라서 새로운 모델에는 새로운 변수가 몇 개 더 추가된다.

낙하 거리=f(낙하 시간, 중력가속도, 질량, 단면적, 공기 밀도, 항력계수)

$\Longrightarrow h=f(t,\ g,\ m,\ \mathrm{A},\ \rho,\ \mathrm{C}_d)$

유체역학 이론에 따르면 공기의 항력은 속도의 제곱에 비례하고 단면적에 비례하는 것으로 알려져 있다. 즉 공기 항력 $F_{\mathrm{drag}}=C_d A \frac{1}{2}\rho v^2$이고 속도 $v=\frac{dh}{dt}$이므로, 뉴턴의 법칙에서 중력에 공기 항력을 추가해서 고려하면 미분방정식은 전보다 꽤 복잡해진다. 이렇게 하여 중력과 공기 항력을 고려한 새로운 수학적 모델을 만들었다.

$$m\frac{d^2h}{dt^2}=mg-C_d A \frac{1}{2}\rho\left(\frac{dh}{dt}\right)^2$$

이렇게 개선된 모델이 낙하 거리를 잘 예측하는지 알고 싶으면 미분방정식을 풀어 그 결과를 다시 실험 결과와 비교한다. 해를 구하기 전에 우선 미분방정식의 특성을 파악하기 위해서 복잡한 상수들은 묶고 변수를 중심으로 수식을 정리해본다. 위 식을 정리하면 다음과 같다.

$$\frac{dv}{dt}=g-Cv^2$$

이는 미지 함수 v에 관한 1차 비선형 미분방정식이고, 또 해를 구하면 v가 t의 함수로 구해질 것이라는 사실을 알 수 있다. 또 우변이 0이 되는 속도 v에서는 $\frac{dv}{dt}$가 0이 되므로 속도 변화가 없는 상태가 된다. 즉 특정한 속도에 도달하면 이후에는 등속운동을 할 것이라는 사실 정도는 식만 보고도 미리 알 수 있다.

실제로 빗방울이 떨어질 때 처음에는 가속되면서 속도가 빨라지지만, 속도가 빨라질수록 공기 항력이 커지면서 항력과 중력이 같아지는, 다시 말해 가속도가 0인 상태에 도달한다. 그 이후에 빗방울은 등속으로 낙하하는데, 이를 종속도terminal velocity라고 한다. 따라서 비행기에서 뛰어내린 특수부대원들 역시 어느 순간부터는 더 이상 가속되지 않는 종속도에 도달할 것이다. 이렇듯 미분방정식을 풀지 않더라도 개선된 모델이 좀 더 현실에 가까운 경향을 잘 대변하고 있다고 볼 수 있다.

해 구하기

첫 번째 모델에서 낙하 거리는 시간의 제곱에 비례한다는 이론 해를 구할 수 있었다. 하지만 공기 저항까지 고려한 두 번째 모델은 이론 해를 구할 수 없고 수치해석 방법에 의존해야 한다. 미분방정식은 유한차분법이나 유한요소법 등을 써서 대수방정식으로 변형시킨 다음 해를 구한다. 프로그래밍에 익숙하지 않으면 엑셀 등을 이용해도 된다. 구체적인 수치해석 방법은 대학에 들어가면 배울 테니 여기서는 결과만 보도록 한다. 옆의 그래프는 낙하산이 있을 때와 없을 때, 항력계수를 적당한 값으로 가정하고 수치해석한 결과를 보여준다.

자유낙하할 경우 낙하 속도는 시간 경과에 따른 1차 함수로 주어지고, 낙하 거리는 2차 함수로 주어진다. 한편 공기 항력을 고려하면 떨어지는 속도가 느려지고 낙하 거리도 줄어든다. 그래프를 보면 앞서 예상한 바와 같이 시간 경과에 따라 속도가 증가하다가 나중에는 등속으로 하강하는

138

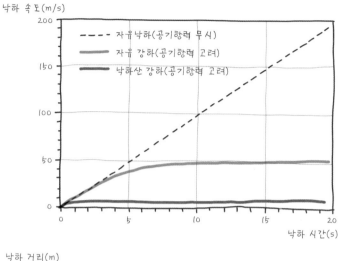

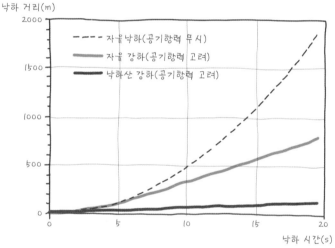

것을 확인할 수 있다. 공기 항력이 자체 무게와 같아진 이후에는 등속도로 하강하는 것이다. 또 낙하산을 펴서 항력계수를 크게 하면 종속도는 더 느려진다.

실제 강하 속도를 정확히 예측하려면 상황에 맞는 항력계수가 필요하다. 몸을 펴서 항력계수를 크게 하면 속도가 느려지고 몸을 움츠리면 항력계수가 작아져 속도가 빨라진다. 팔을 폈는지 접었는지, 어떤 종류의 옷을 입었는지, 키가 얼마인지 등에 따라서 항력계수를 정확하게 입력할수록 정확한 시뮬레이션 결과를 얻을 수 있다.

2
닮은꼴 법칙

모델링을 할 때 형상은 같지만 크기가 다른 대상을 다루게 되는 경우가 있다. 주어진 본래 크기에 대한 특성을 이미 알고 있다면 다른 크기에 대한 특성도 쉽게 미루어 짐작할 수 있다. 크기가 다른 둘 사이의 관계를 설명하는 법칙을 상사법칙similarity 또는 닮은꼴 법칙이라 한다. 닮았다는 것은 단순히 모양뿐 아니라 역학적으로나 운동학적으로 닮은꼴이란 의미다. 닮은꼴 법칙은 실험을 수행하거나 새로운 제품을 개발할 때 유용하게 쓰인다.

공학 실험을 할 때 제작 비용과 시간을 절약하기 위해서 축소 모형을 만드는 경우가 많다. 원래의 크기를 원형prototype, 변형된 크기를 모형model이라 한다. 미니어처 건물로 이루어진 도시 모형을 만들어 오염확산 거동을 실험하거나 자동차 축소 모형을 만들어 공기 항력 실험을 한다. 그런가 하면 크기가 작은 마이크로 기계에 대해서는 다루기 쉽도록 오히려 확대 모형을 만들어 성능 실험을 하기도 한다. 또 이미 개발된 제품에 대해서 용량이나 크기를 바꾸어 새로운 제품으로 개발할 때에도 닮은꼴 법칙을 적용한다.

모양의 닮은꼴, 기하학적 상사

닮은꼴이라 하면 우선 길이나 각도 등 형상 요소들이 닮은 상태가 먼저 떠오를 것이다. 이를 기하학적 상사라고 한다. 축척비에 따라서 넓이나 부피 등 다른 기하학적 요소들이 결정된다.

예를 들어 축척비가 2인 대형 닮은꼴 펌프를 만들려고 한다. 그러면 회전날개 크기나 관 지름 등 모든 길이가 두 배이므로 모든 넓이 관련 변수는 네 배, 부피는 여덟 배가 된다. 따라서 관의 출구 단면적은 네 배가 되고 펌프의 무게는 여덟 배가 된다. 또 같은 각속도로 회전한다면 회전날개의 끝단의 속도나 유동 속도는 두 배가 된다. 단면적은 네 배이고 유속이 두 배이므로 시간당 체적 유량은 단면적 곱하기 유속을 해서 여덟 배가 된다. 또 베르누이 법칙에 따르면 압력은 속도의 제곱에 비례 ($\Delta P = \frac{1}{2}\rho v^2$)하므로 펌프의 양정(펌프가 만들어내는 압력 상승분)은 네 배가 된다. 이런 방식으로 닮은꼴 법칙을 적용하면 모양은 같지만 크기가 다른 제품이 어떤 특성을 갖게 될지 예측할 수 있다. 닮은꼴 관계를 유도하는 방법은 뒤쪽에서 차원해석을 다룰 때 상세히 설명하기로 한다.

142

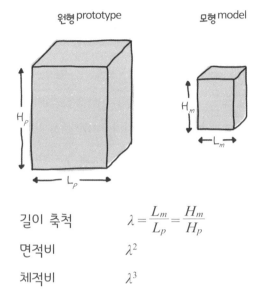

원형 prototype   모형 model

길이 축척	$\lambda = \dfrac{L_m}{L_p} = \dfrac{H_m}{H_p}$
면적비	λ^2
체적비	λ^3

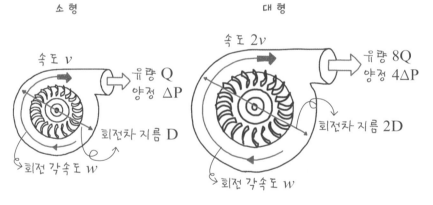

소 형   대 형

지름비	$\lambda = \dfrac{2D}{D} = 2$
면적비	$\lambda^2 = 4$
체적비	$\lambda^3 = 8$

움직임의 닮은꼴, 운동학적 상사

운동학적 상사란 움직임이 닮았다는 뜻이다. 움직임에 대해서는 길이에 더해 시간이 중요한 변수가 된다. 시간 스케일에 따라 속도와 가속도 등 운동학적 요소들이 달라지기 때문이다. 흔한 예로 동영상을 천천히 돌리면 슬로모션이 된다. 시간 스케일을 두 배로 늘리면 속도는 절반이 되고 가속도는 4분의 1이 된다. 단순한 고속 촬영이나 저속 촬영은 시간 스케일이 모두 똑같이 바뀌므로 운동학적 상사는 그대로 유지된다. 하지만 시간 스케일의 변화가 물체마다 또는 위치마다 다르게 적용된다면 운동학적 상사가 이루어졌다고 할 수 없다. 영화에서 거대한 괴물이 등장하면 주변 사람들이 도망가는 장면이 종종 나온다. 그런데 괴물의 크기에 비해서 동작이 너무 빨라서 어딘지 어색하게 보일 때가 있다. 실제로는 괴물 모형을 조그맣게 만들어 확대 촬영하면서 주변의 움직임과 운동학적 상사를 맞

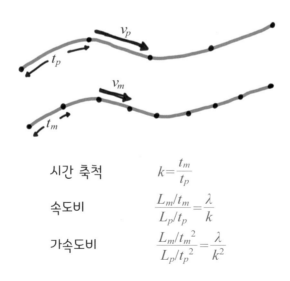

시간 축척	$k = \dfrac{t_m}{t_p}$
속도비	$\dfrac{L_m/t_m}{L_p/t_p} = \dfrac{\lambda}{k}$
가속도비	$\dfrac{L_m/t_m^2}{L_p/t_p^2} = \dfrac{\lambda}{k^2}$

추지 못했기 때문이다.

　누구나 한 번쯤 천체 투영관에 가본 적이 있을 것이다. 어두컴컴한 실내에서 천장을 올려다보면 천장에서 별들이 쏟아질 것처럼 빛이 난다. 선생님이 설명해주시는 여러 별자리에 관한 이야기를 들으며 우주로 향하는 꿈을 키우기도 한다. 그런데 여기에도 상사 법칙이 적용된다. 하늘을 축소한 천체 투영관 천장에 별자리를 비례적으로 배치하여 기하학적 상사를 만들고, 투영된 별자리가 같은 속도로 회전하면서 운동학적 상사가 이루어지도록 한다. 짧은 시간 동안 하룻밤의 움직임을 보여줘야 하므로 별이 뜨고 지는 속도가 실제보다 훨씬 빠르다. 가끔씩 떨어지는 유성의 속도 역시 공전 속도와 시간적 비례가 맞아야 비로소 완전한 운동학적 상사가 이루어졌다고 할 수 있다.

　운동학적 상사가 이루어지면 대응하는 각 점에서 속도비나 가속도비가 동일한 상태가 되기 때문에 동역학 문제에서는 시간 경과에 따른 물체의 움직임이 똑같은 궤적을 그리고, 유체역학에서는 물체 주위를 흐르는 유체 흐름이 똑같은 유선을 그린다. 자동차 개발팀에서 축소 모형을 만들어 자동차 공기 항력 실험을 한다면 모형 자동차 주위를 흐르는 공기 유동과 실제 유동이 운동학적 상사가 이루어지도록 해야 한다. 실험에서 이를 고려한 운동학적 상사가 이루어지지 않으면 모형 실험 결과와 원형 자동차의 실제 결과가 호환되지 않아 서로 무관한 실험이 되고 만다.

힘의 닮은꼴, 역학적 상사

역학ᵃ學적 상사란 말 그대로 '힘'의 측면에서 닮은꼴이란 의미다. 물체에 작용하는 힘에는 중력, 관성력, 압력, 점성력 등 여러 가지가 있는데, 이들 힘 사이의 상대적인 크기나 중요성이 모형과 원형에서 서로 같은 상태가 되는 것이 역학적 상사다. 정지하고 있는 물체의 강도를 다루는 구조역학에서는 주로 중력을 비롯한 압력이나 탄성력이 중요하고, 움직임을 다루는 동역학에서는 중력뿐만 아니라 관성력이나 마찰력 등이 중요한 역할을 한다.

키가 각각 1미터와 2미터인 두 사람을 비교해보자. 모든 길이의 비가 두 배라고 하면, 기하학적 상사에 따라 키가 큰 사람은 얼굴 표면적, 손바닥 넓이, 콧구멍 넓이, 뼈 단면적 등 모든 면적이 키 작은 사람의 네 배가 되고, 몸의 부피, 심장의 부피 등은 여덟 배가 된다. 사람의 뼈와 살은 큰 사람이나 작은 사람이나 재질이 똑같다고 가정할 때 부피가 여덟 배면 몸무게도 여덟 배가 된다. 그런데 이를 지탱하는 뼈의 단면적은 네 배다. 따라서 네 배의 단면적으로 여덟 배의 몸무게를 지탱하고 있으니, 뼈가 받는 압력은 두 배가 된다. 키 큰 사람의 뼈가 더 큰 압력을 받고 있으니 두 배 더 단단해야 그 압력을 견딜 수 있을 것이다.

키가 큰 사람과 같이 걸어가면 작은 사람은 뛰다시피 해야 한다. 움직임이 운동학적으로 상사를 이룰 때 키가 두 배면 걸음걸이 역시 두 배가 된다. 따라서 속도 관련 변수는 모두 두 배이고 가속도 역시 두 배가 된다. 뉴턴의 법칙에 따라 질량이 여덟 배인 몸을 두 배의 가속도로 움직이려면 16배의 힘이 필요하다. 하지만 힘을 내는 근육의 단면적은 뼈와 마

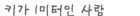

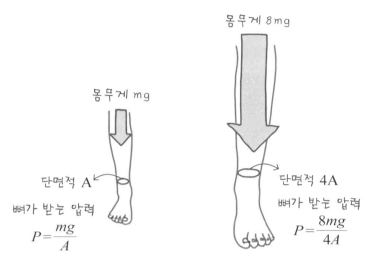

키가 1미터인 사람   키가 2미터인 사람

몸무게 8mg

몸무게 mg

단면적 A

뼈가 받는 압력

$$P = \frac{mg}{A}$$

단면적 4A

뼈가 받는 압력

$$P = \frac{8mg}{4A}$$

찬가지로 네 배밖에 되지 않기 때문에 근육 단위 면적당 네 배의 힘을 낼 수 있어야 한다. 같은 근육으로 이렇게 큰 힘을 만들기는 어렵다. 그렇기 때문에 키가 큰 사람을 보면 어딘지 느려 보이고 약해 보인다.

이러한 현상은 주변에서도 종종 관찰된다. 자동차 사고나 건물 붕괴 사고가 나면 처참하게 부서지는 데 비해, 장난감 자동차나 모형 건물은 짱짱해서 그리 심하게 부서지지 않는다. 옛말에 작은 고추가 맵다는 말이나 키 큰 사람이 싱겁다는 말이 허튼소리가 아닌 듯하다.

기하학적 상사는 '모양'의 닮은꼴을 말하고 운동학적 상사는 '운동'의 닮은꼴, 그리고 역학적 상사는 '힘'의 닮은꼴을 말한다. 흔히 생각하듯 모양만 같다고, 다시 말해 기하학적 상사가 이루어졌다고 해서 반드시 운동학적 상사나 역학적 상사가 이루어지는 것은 아니다. 세 가지 상사가 모두 이루어졌을 때 비로소 완전한 상사가 이루어졌다고 할 수 있다.

3
차원해석

　지금까지 닮은꼴 법칙에 관해 '길이'의 차원에서 기하학적 상사, '시간'의 차원에서 운동학적 상사, '힘'의 차원에서 역학적 상사를 각각 따로 설명했다. 그런데 닮은꼴 법칙을 일반화하여 모든 차원으로 확장하면 차원해석dimensional analysis의 문제가 된다. 차원은 길이, 시간, 질량 등 물리량이고 단위는 차원을 나타내는 구체적인 척도다. 예를 들어 하나의 길이 차원에 미터, 밀리미터, 인치 등 여러 종류의 단위가 있을 수 있다는 점도 앞서 설명했다.

　차원해석이란 말 그대로 각 변수의 차원을 알아보는 것이다. 과학 법칙이나 공학 모델을 표현하는 수식에서 각 항의 차원을 알아내면 여러 변수들 사이의 각 차원별 닮은꼴 관계도 알아낼 수 있다. 차원해석을 하려면 각 변수를 이루고 있는 기본 차원을 파악하고, 기준이 되는 값으로 다른 변수들을 무차원화한다. 여기서 기본 차원이란 길이, 시간, 질량, 온도, 분자량, 전하, 광도 등 서로 독립적인 일곱 개의 차원을 말하며, 여기서 유도된 다른 차원들은 모두 유도차원이다. 기본 차원과 유도차원에 관해서는 4부에서 상세히 다룰 것이다. 덧붙여 무차원화를 간단히 설명하자면 등장하는 변수들을 적당히 조합해 곱하거나 나눔으로써 차원이 없는 변수를 만들어주는 작업이다. 무차원 변수를 활용하면 절대적인 물리량의 크기를 고려할 필요가 없이 상대적인 관점에서 문제에 접근할 수 있다.

가장 간단한 무차원화 방법은 물리량을 단순 비율로 나타내는 것이다. 직육면체 형상을 설명할 때 가로 길이 L을 기준으로 하여 다른 두 변을 무차원 높이 $\dfrac{H}{L}$와 무차원 폭 $\dfrac{W}{L}$와 같은 무차원 변수로 표시할 수 있다. 원형의 크기가 가로 1미터, 높이 2미터, 폭 0.8미터이고 모형은 가로 1밀리미터, 높이 2밀리미터, 폭 0.8밀리미터인 두 직육면체가 있다. 이들은 절대적 크기가 너무 다르므로 차원이 있는 실제 크기로 이해하지 말고,

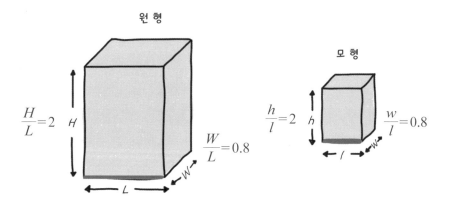

가로, 높이, 폭의 비율이 l : 2 : 0.8인 두 직육면체

가로 길이를 기준으로 무차원 높이 2, 무차원 폭 0.8과 같이 상대적인 개념으로 이해하면 편리하다. 크기뿐 아니라 좌표에 대해서도 무차원 좌표 (x/L)를 쓰면 원형과 모형에 대해서 일관되게 위치를 표현할 수 있다.

차원해석으로 길이 차원뿐 아니라 속도, 힘 등 다양한 차원의 변수들을 무차원화할 수 있다. 무차원 길이, 무차원 속도, 무차원 힘, 한 걸음 더 나아가 무차원 온도, 무차원 압력, 무차원 전압과 같이 다른 차원 변수로까지 확장이 가능하다.

부피를 구하는 식의 차원해석

이제부터 차원해석을 하는 구체적인 과정을 소개하겠다. 길이가 H, 지름이 D인 원통의 부피를 계산하는 식은 다음과 같다. 이 식에서 계산 '값'은 신경 쓰지 말고 각 변수의 '차원'만을 생각한다.

원통의 부피를 구하는 식 $V = \dfrac{\pi}{4} D^2 H$

이 식의 차원을 구하는 식 $[V] = \left[\dfrac{\pi}{4} D^2 H \right] = [L^3]$

여기서 대괄호 [ ]는 각 변수의 값이 아니라 차원을 나타낸다. 즉 좌변에서 부피 V는 $[L^3]$의 차원을 갖고, 우변에서 $\dfrac{\pi}{4}$는 상수이며, 지름 D와 높이 H 역시 길이 차원을 가지므로 좌우변 모두 동일한 차원을 갖는다. 길이 차원 [L] 말고도, 기본 차원 중에서 질량 차원은 [M], 시간 차원은 [T], 온도 차원은 [θ], 분자량 차원은 [N], 전하 차원은 [A], 광도 차원은 [C]로 표기한다.

무차원화, 차원 없애기

앞서 닮은꼴 직육면체에서 각 변의 길이를 상대적인 비율로 나타낸 것처럼 모든 물리량을 기준이 되는 양으로 나누어 상대적인 값으로 표현하는 것이 무차원화다. 공학에서 활용하는 무차원 개념은 각종 물리량을 단순화하고, 상대적인 관점에서 사물을 관찰할 수 있도록 해준다. 야구공 주위의 유동이나 애드벌룬 주위의 유동을 닮은꼴로 이해하고, 원자 주위의 전자 운동과 태양 주위의 지구 운동을 닮은꼴로 이해할 수 있다.

가장 간단한 무차원화의 예로서, 앞서 설명한 바와 같이 상대적인 비율로 표시하는 방법이 있다. 전교 10등이라고 하는 것보다 상위 1퍼센트 또는 10퍼센트라고 하면 훨씬 빨리 이해한다. 똑같이 전교 10등이라도 100명 중 10등과 1,000명 중 10등은 다르므로 상대적인 비율로 표시하면 전체 틀 속에서 쉽게 파악할 수 있다. 이러한 상대적 비교는 일상에서도 널리 쓰이는데, 우리나라 국민소득을 기준으로 다른 나라의 상대적인 소득 수준을 나타내는가 하면, 1970년의 주가를 기준으로 해서 현재의 주가 수준을 나타내기도 한다.

단순 비율로 나타내는 것이 무차원화하는 가장 간단한 방법이라면, 다음으로 설명할 두 번째 방법은 통계적으로 정규화하는 방법이다. 평균과 표준편차를 써서 Z 값으로 나타내는데, 정규분포에서 Z 값은 평균에서 벗어난 정도를 표준편차 σ의 배수로 나타낸 값이다. 표준점수 역시 통계에서 나오는 Z 값으로 구한다. 만약 어떤 학생의 수학 점수가 60점이고 국어 점수는 70점이라 하자. 그렇다면 이 학생은 국어보다 수학을 더 잘한다고 말할 수 있을까? 꼭 그렇지는 않다. 원점수는 국어가 더 높지만, 정규화된 점수는 전체 평균과 표준편차에 따라서 달라질 수 있기 때문이다.

전체 학생의 수학 평균이 30점이고 표준편차가 20점이라면 이 학생의 수학 점수 Z 값은 $Z_{수학}=\dfrac{60-30}{20}=1.5$다. 이 학생의 국어 점수는 70점인데, 전체 학생의 국어 점수 평균이 50점이고 표준편차가 25점이라 하면, 이 학생의 국어 점수 Z 값은 $Z_{국어}=\dfrac{70-50}{25}=0.8$이다. 어떤 학생의 점수가 평균이면 Z 값은 0이고, 전체 평균보다 1 높으면 Z 값은 1.0, 또는 2σ만큼 높으면 Z 값은 2.0이 되는 것이다. 표준점수를 50+10Z로 정의하면 이 학생의 수학 점수와 국어 점수를 표준점수로 환산해서 수학은 50+1.5(10)=65점이고 국어는 50+0.8(10)=58점이 된다. 다시 말해 원점수는 국어가 높지만, 표준점수는 수학이 더 높다. 따라서 이 학생은 이번 시험에서 수학 시험보다 국어 시험을 더 잘 봤다고 할 수 있다. 이렇게 정규화된 표준점수를 쓰면 학생 간 또는 과목 간 상대평가가 가능해진다.

무차원 변수를 구하는 방법

공학에 나오는 변수를 무차원화하는 방법은 변수들을 묶어서 무차원 변수(무차원수)로 만드는 것이다. 이렇게 유도된 무차원 변수는 기하학적 비율이나 중력 대비 관성력의 비, 음속 대비 유속 등 특별한 물리적 의미를 갖는다. 무차원화와 관련된 정리로 '버킹엄의 파이 정리'가 있다. 어떤 물리 현상을 지배하는 관련 변수가 모두 k개이고 이들을 이루는 기본 차원이 r개라면, 무차원 변수를 $k-r$개 유도할 수 있다는 정리다. 좀 더 구체적으로 말하면 k개의 변수들 사이의 관계가 $x_1=f(x_2,\ x_3,\ \cdots,\ x_k)$와 같이 주어질 때 각 변수의 거듭제곱 '$x_1 \cdot x_2^a \cdot x_3^b \cdot x_4^c \cdots$'으로 이루어진 무차원 변수를 $k-r$개 구할 수 있고, 이들 사이의 관계를 $\Pi_1 = f(\Pi_2, \Pi_3, \cdots, \Pi_{k-r})$과 같이 표현할 수 있다는 뜻이다. 아마 무슨 뜻인지 잘 와닿지 않을 텐데, 뒤이어 설명하는 간단한 사례들을 보면 그렇게 어려운 내용이 아니라는 것을 알 수 있을 것이다. 새로 등장한 문자 파이Π 때문에 긴장할 필요는 없다. 보통 변수를 x로 나타내듯이 여기서 Π는 무차원 변수를 나타내는 문자일 뿐이다. 그리스 문자가 사람들을 두려움에 떨게 만들지만, 알고 나면 그렇게 무서운 이야기는 아니다.

차원해석이란 이런 것

과학이나 공학에서 발생하는 문제는 다양하기 때문에 무차원화를 일반화하거나 일률적으로 의미를 부여하기는 어렵다. 하지만 분명한 것은 무차원화는 변수의 개수를 줄여 문제를 단순하게 만들고 무차원적인, 즉 상대적인 관점에서 문제를 이해할 수 있도록 해준다. 이제부터 버킹엄의 파이 정리를 이용해서 차원해석과 무차원화를 수행하고, 도출된 무차원 변수를 이용하여 원래 변수들 사이의 관계를 유추하는 몇 가지 간단한 예를 소개한다.

코코넛이 떨어지는 속도는 어떻게 구할 수 있을까?

열대지방에서는 코코넛이 떨어지면 안전에 큰 위협이 된다. 이 지역에 과학 원리를 전혀 모르는 한 주민이 살고 있다. 그는 나무에 매달린 코코넛 열매가 땅으로 떨어질 때 얼마나 빨리 떨어지는지 궁금해졌다. 여기서 중요한 점은 코코넛이 떨어지는 속도 값을 정확히 구하는 것이 아니라 속도에 영향을 미치는 변수들 사이의 관계를 이해하는 것이다.

우선 낙하 속도 v에 영향을 주는 변수를 골라내야 한다. 코코넛의 질량 m, 매달린 높이 h, 중력가속도 g를 선택해서 다음과 같이 정리할 수 있다.

$$v = f(m, h, g)$$

여기서 변수는 m, h, g, v의 네 개이고 기본 차원은 [M], [L], [T] 세 개이므로 버킹엄의 파이 정리에 따라 무차원 변수는 4-3=1개가 나올 것이다. 등호를 중심으로 양변의 차원이 같아야 하므로 우변의 변수들에 지수 a, b, c만큼 거듭제곱한 것이 속도 v의 차원과 같아야 한다. 즉 다음과 같이 정리할 수 있다.

$$[v] = [m^a h^b g^c]$$

각 변수들을 기본 차원으로 표현하면 $[V]=[L/T]$, $[m]=[M]$, $[h]=[L]$, $[g]=[L/T^2]$이므로 정리하면 다음과 같다.

$$\left[\frac{L}{T}\right] = [M]^a [L]^b \left[\frac{L}{T^2}\right]^c$$

이 식에서 [L], [M], [T]는 서로 독립적이므로 좌변과 우변의 지수들이 각각 같아야 한다. 다시 말해 좌변의 [L]의 지수 1과 우변의 $b+c$가 같아야 하고, 좌변의 [T]의 지수 -1과 우변 $-2c$가 같아야 한다. 또 좌변에는 [M]이 없으므로 $a=0$이어야 한다. 그러므로 $a=0$, $b=\frac{1}{2}$, $c=\frac{1}{2}$이 된다. 이렇게 함으로써 양변의 차원이 같아진다. 이 내용을 수식으로 표현하면 다음과 같다.

$$[v]=[m^0 h^{1/2} g^{1/2}]$$

좌변을 우변으로 나눈 $\left[\dfrac{v}{h^{1/2}g^{1/2}}\right]$는 무차원이다. 정리하면 $\Pi=\dfrac{v}{\sqrt{gh}}$라는 무차원 변수가 도출되었다. 변수가 v, m, h, g의 네 개였던 문제에서 무차원 변수 하나인 문제로 간결해졌다. 이 식은 무차원 변수가 한 개이므로 $\Pi=f(\cdot)$으로 쓸 수 있다. 말로 풀어쓰자면 '무차원 변수 Π는 아무것의 함수도 아니다(Π is a function of nothing)'라는 뜻이다. 다른 아무 변수의 함수가 아닌 함수는 상수밖에 없다. 따라서 $\Pi=\dfrac{v}{\sqrt{gh}}$는 상수가 되어야 하므로 상수를 C라 하면 다음과 같이 쓸 수 있다.

$$v=C\sqrt{gh}$$

물리법칙을 전혀 모르는 상태에서 단순히 차원해석을 했을 뿐인데, 낙하 속도는 질량과는 관계가 없다는 사실과 높이의 제곱근에 비례한다는 사실을 알게 된 것이 놀랍지 않은가. 과학을 배운 사람이라면 알고 있을 운동에너지와 위치에너지에서 유도된 자유낙하 속도 $\sqrt{2gh}$와 동일한 형태를 갖는다. 단지 상수값 C만 구하지 못했을 뿐이다. 나무에서 떨어지는 속도 '값'을 알지는 못하지만, 네 배 높은 나무에서 떨어지는 코코넛은 두 배 빨리 떨어진다는 사실을 알게 된 것이다.

진자의 주기는 어떻게 구할 수 있을까?

많은 사람들이 공식만 달달 외우는 것에 비해 이 주민은 과학적 지식은 없어도 과학적 사고를 할 줄 아는 사람이다. 그는 나무 높이에 따라 코코넛이 얼마나 빨리 떨어지는지 알고 난 후, 다른 문제에 도전해보기로 하였다. 끈에 매달아놓은 코코넛이 흔들리는 모습을 보면서 흔들리는 주기를 구해보기로 한 것이다.

이 사람은 매달린 코코넛이 한 번 왕복하는 주기 T가 어떤 변수에 영향을 받을지 우선 생각해보았다. 코코넛을 줄에 매달아본 경험에 따르면 주기 T는 줄의 길이 L에 따라서 달라지고, 추의 무게 m에 따라서도 달라질 것으로 예상했다. 또 중력의 크기 g도 영향을 미칠 것 같았다. 이렇게 해서 관련 변수들을 도출한 후, 다음과 같은 수식으로 적었다.

$$T=f(m, \text{L}, g)$$

변수의 개수는 총 네 개이며 주기 T의 차원은 시간이므로 $[T]$, 끈 길이 L의 차원은 $[\text{L}]$, 추 무게 m의 차원은 $[\text{M}]$, 그리고 중력가속도 g는 기본 차원으로 표현하면 $\left[\dfrac{\text{L}}{\text{T}^2}\right]$이 된다. 등호를 중심으로 좌우의 차원은 같아야 하므로, 식으로 정리하면 다음과 같다.

$$[\text{T}]=[\text{M}]^a\,[\text{L}]^b\left[\frac{\text{L}}{\text{T}^2}\right]^c$$

이 식에서 좌변에는 $[\text{M}]$과 $[\text{L}]$이 없으므로 $a=0$, $b+c=0$이 되고, 좌변의 $[\text{T}]$의 지수 1과 우변의 $[\text{T}]$의 지수 $-2c$가 같아야 하므로 정리하면 지수는 각각 $a=0$, $b=\dfrac{1}{2}$, $c=-\dfrac{1}{2}$이 된다. 따라서 무차원 변수 $\varPi=\dfrac{g^{\frac{1}{2}}T}{L^{\frac{1}{2}}}$가

도출된다. 이 경우도 무차원 변수가 하나이므로 Π는 상수 C가 되어야 한다. 따라서 다음과 같이 쓸 수 있다.

$$T = C\sqrt{\frac{L}{g}}$$

이 식의 물리적 의미를 해석하면, 끈에 매달린 코코넛의 왕복 주기는 끈 길이의 제곱근에 비례하고 중력가속도의 제곱근에 반비례한다는 것과 질량과는 무관하다는 사실을 알 수 있다. 이 주민은 정확한 값은 몰라도, 끈의 길이가 같다면 매달아놓은 코코넛이 크건 작건 흔들리는 빠르기는 똑같으며, 끈의 길이가 길어질수록 느리게 흔들리는데, 끈 길이가 네 배가 되면 두 배 정도 느려진다는 사실을 알게 되었다.

피타고라스 정리도 차원해석으로 증명할 수 있다

차원해석을 활용하면 피타고라스 정리도 증명할 수 있다. 직각삼각형의 넓이를 어떻게 구하는지 공식을 몰라도 상관없다. 직각삼각형의 넓이는 빗변의 길이 c와 한쪽의 각도(라디안) θ를 알면 구할 수 있다는 사실만 생각할 줄 알면 된다. 따라서 직각삼각형 A의 넓이 A_c는 빗변의 길이 c와 각도 θ의 함수로 $A_c = f(c, \theta)$라고 쓸 수 있다. 넓이 A_c의 차원은 $[L^2]$, c의 차원은 $[L]$이고 θ는 라디안 각도로서 무차원이다. 변수의 개수는 세 개이고 기본 차원은 $[L]$ 하나이므로 무차원 변수는 3−1=2, 두 개가 유도된다.

$$A_c = c^a$$

좌우변의 차원이 같아야 하므로 $a=2$이다. 즉 첫 번째 무차원 변수는

$\Pi_1 = \dfrac{A_c}{c^2}$ 이고, 각도는 그 자체가 무차원수이므로 두 번째 무차원 변수는 $\Pi_2 = \theta$ 다. 무차원 변수가 두 개이므로 Π_1을 알면 Π_2를 알 수 있고, 거꾸로 Π_2를 알면 Π_1을 알 수 있다. 다시 말해 $\Pi_1 = f(\Pi_2)$이므로 다음과 같이 쓸 수 있다.

$$\frac{A_c}{c^2} = f(\theta)$$

이 수식을 번역하자면, 직각삼각형의 한쪽 각도 θ 가 결정되면 다른 무차원 변수인 넓이 나누기 긴 변의 제곱, $\dfrac{A_c}{c^2}$ 값이 결정된다는 의미다. 즉 $A_c = c^2 f(\theta)$다.

아래 그림과 같이 직각삼각형 A의 직각 꼭짓점에서 빗변으로 수직선을 내리면 하나는 a를 빗변으로 하고, 다른 하나는 b를 빗변으로 하는 닮은꼴 직각삼각형이 된다. 두 개의 작은 삼각형의 넓이 A_a와 A_b를 A_c와 마찬가지로 빗변의 길이와 각도로 나타내면 다음과 같다.

$$A_a = a^2 f(\theta)$$
$$A_b = b^2 f(\theta)$$

$$A_c = A_a + A_b$$
$$c^2 \cancel{f(\theta)} = a^2 \cancel{f(\theta)} + b^2 \cancel{f(\theta)}$$

두 작은 삼각형의 넓이의 합은 큰 삼각형의 넓이와 같으므로 $A_c = A_a + A_b$라고 쓸 수 있고, 다음과 같이 정리할 수 있다.

$$a^2 f(\theta) + b^2 f(\theta) = c^2 f(\theta)$$

그런데 $f(\theta)$에 대해서 함수 형태나 함수 값은 전혀 몰라도 0이 아니라는 사실은 안다. 따라서 $a^2 + b^2 = c^2$이 된다. 직각삼각형의 넓이를 구하는 공식도 모르는 상태에서 넓이는 길이의 제곱이라는 사실을 이용해 차원을 해석했을 뿐인데, 피타고라스 정리가 증명된 셈이다.

4
관계의 법칙

앞서 2부에서 살펴봤듯이 과학 법칙은 보존의 법칙이나 평형의 원리와 같이 절대 진리에 가까운 보편적인 원리부터 특수한 경우에나 적용될 수 있는 가설이나 상관관계에 이르기까지 그 종류가 다양하다. 어떤 종류의 과학 법칙이건 물리적 변수들 사이의 관계는 수식으로 표현된다. 공학 모델 역시 시스템의 입력 변수와 출력 변수 사이의 특정 관계로 나타난다. 이러한 변수들은 서로 선형 관계, 제곱 관계, 반비례 관계 등 다양한 관계를 가지고 있으며, 모두 함수식으로 표현할 수 있다. 여기서는 이 가운데서도 가장 대표적인 관계인 선형 관계, 지수 관계, 멱수 관계에 대하여 각각의 의미와 특징을 알아본다.

알기 쉬운 선형 관계

선형 관계는 세상에서 가장 단순하고 기본적인 관계다. 따라서 세상을 이해하고 자연을 바라볼 때 가장 먼저 떠올리는 관계다. 선형 관계는 비례 관계이자 직선적인 관계로서 과학 법칙이나 공학 모델에 나오는 대부분의 관계를 설명한다고 해도 과언이 아니다.

선형 관계는 비례 관계

사탕 한 개가 1,000원이면 세 개는 3,000원, 네 개는 4,000원인 것처럼, 선형 관계는 어떤 양의 변화에 비례해서 변화하는 관계라고 할 수 있다. 사탕 값과 사탕 수는 비례 관계에 있다. 일반적으로 선형 관계를 표현할 때는 단순 비례 관계에 상수항(절편)을 추가한다. 따라서 수식으로 표현하면 다음과 같다.

$$y = ax + b$$

여기서 중요하게 살펴볼 부분은 상수항이 아니라 ax 항이다. ax는 y와 x의 관계가 어떻게 변화하는지 핵심적으로 보여주는 항이기 때문이다. 위식을 보면 알 수 있듯이 선형 관계는 증분(증가분) 사이의 관계로 이해할수 있다. 상수항 b 값에 따라 달라지겠지만 b의 값이 얼마든 사탕 한 개를 '더' 사려면 1,000원, 두 개를 '더' 사려면 2,000원을 '더' 내야 하듯, 사탕 값의 증가분은 일정한 비율로 늘어난다. 따라서 선형 관계는 y의 증분(Δy)이 x의 증분(Δx)에 비례하는 관계라고 표현할 수 있다. 이 문장을 수식으로 나타내면 다음과 같다.

$$\Delta y = a\Delta x$$

덧붙이자면 선형 관계는 등차수열로도 표현될 수 있다. 등차수열이 11, 13, 15, 17, …처럼 연속된 두 수의 '차이'가 항상 일정한 수열이라는 점을 생각하면 쉽게 이해할 수 있을 것이다. 증분의 개념은 등차수열에서의 변화량 또는 차이로 보면 된다.

학교에서는 두 변수가 선형 관계인 경우를 주로 배우지만, 현실에서는 그렇지 않은 경우가 많다. 그래도 일단은 가장 간단한 선형 관계로 가성하고 문제를 해결해보려고 한다. 더욱이 둘 사이의 관계를 잘 모르는 경우라면 더더욱 그렇다. 특히 과학이나 공학 분야의 변수들과 달리 인문사회학 분야의 변수들은 수량화하기도 어렵고 관계도 명확하지 않기 때문에 그 관계를 함수식으로 표현하기 어렵다. 이럴 때 선형 관계로 가정하는 것이 보통이다. 선형 관계가 아닌 것이 분명하더라도 전체 변수 구간을 줄인 좁은 구간에서는 선형 관계가 성립한다거나 특정 조건에서만 선형 관계가 성립한다는 식으로 몰고 간다. 그만큼 널리 쓰인다.

선형성은 직진성

선형 관계는 기하학적 관점에서 보면 직선과 같이 일정한 기울기를 가지고 있고 고정된 방향성을 가지고 있다. $y=ax+b$라는 1차 함수로 표현되는 직선은 같은 방향으로 똑바로 이어지므로 직선을 보이지 않는 곳까지 연장할 수 있다. 그렇기 때문에 우리는 곧게 뻗은 도로를 따라가면 어디로 가게 될지 쉽게 예상할 수 있고, 경사면을 따라 올라가면 얼마나 올라갈지 가늠할 수 있다.

옛사람들은 이러한 직진성을 이용해서 거대한 피라미드의 높이를 잴 수 있었다. 빗변을 공유하는 삼각형의 닮은꼴은 기하학적 비례관계를 보이므로 피라미드 옆에 세워둔 막대의 그림자 길이 b로부터 피라미드의 높이 H를 구할 수 있었다. 빛이 직진하기 때문에 가능한 방법이다. h를 막대의 길이, B를 피라미드의 그림자 길이라고 할 때 다음과 같은 비례식을 세울 수 있다.

$$b : h = B : H$$

비례식을 풀면 피라미드의 높이 $H = \dfrac{hB}{b}$ 가 된다.

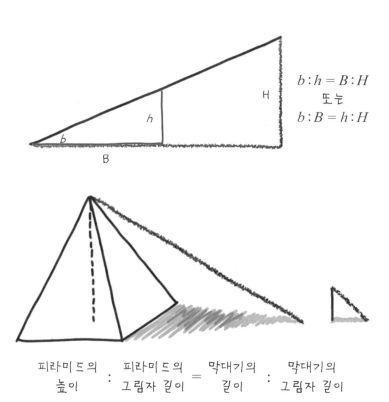

피라미드의 : 피라미드의 = 막대기의 : 막대기의
높이 : 그림자 길이 = 길이 : 그림자 길이

163

중첩의 원리와 선형성

선형성은 가산성과 비례성이라는 두 가지 대수적 성질을 갖는다. 이 두 성질 덕분에 중첩의 원리를 적용할 수 있게 된다. 함수를 예로 든다면, 선형함수에서 가산성이란 두 입력 변수의 합 $(x+y)$에 의한 함수값 $f(x+y)$는 각각의 변수에 의한 함수값의 합 $f(x)+f(y)$와 같다는 것을 의미한다. 또 비례성이란 입력 변수가 상수 a배가 되면 함수값도 a배가 된다는 것을 의미한다. 즉 a배의 입력값에 의한 함수값 $f(ax)$는 함수값의 a배, $af(x)$와 같다는 말이다.

가산성 $\qquad f(x+y)=f(x)+f(y)$

비례성 $\qquad f(ax)=af(x)$

선형함수가 가진 두 성격에 따라서 다음과 같이 나타낼 수 있는데 이 것이 중첩의 원리다.

중첩의 원리 $\qquad f(ax+by)=af(x)+bf(y)$

선형성은 함수뿐만이 아니라 작용자나 변환, 시스템 등 곳곳에 적용되는 넓은 개념이다. 작용자operator란 미분, 적분, 각종 연산 등과 같이 뒤에 따라오는 함수에 특정한 작용을 하는 요소를 말하고, 변환transform이란 라플라스 변환, 푸리에 변환과 같이 함수를 특정한 방법으로 변환하는 것을 말한다. 지금은 생소해도 공대 공부를 하다 보면 금방 익숙해질 것이다.

가장 쉬운 예로 $\dfrac{d}{dt}$는 미분 작용자로서, 뒤에 나오는 함수를 미분하는 작용을 한다. 미분 작용자가 선형성을 갖는다는 것은 가산성과 비례성을 가진다는 의미다. 우리는 이런 선형성을 무의식적으로 이용하고 있다.

가산성 $\qquad \dfrac{d}{dt}\{f(t)+g(t)\} = \dfrac{d}{dt}\{f(t)\} + \dfrac{d}{dt}\{g(t)\}$

비례성 $\qquad \dfrac{d}{dt}\{af(t)\} = a\dfrac{d}{dt}\{f(t)\}$

따라서 이 경우에도 중첩의 원리가 적용되어 다음과 같이 쓸 수 있다.

중첩의 원리 $\qquad \dfrac{d}{dt}\{af(t)+bg(t)\} = a\dfrac{df(t)}{dt} + b\dfrac{dg(t)}{dt}$

중첩의 원리는 공학에 등장하는 각종 시스템에 적용된다. 공대에서 배우는 시스템은 대부분 선형 시스템이다. 또 한 가지 예를 들어보자. 입력 신호에 따라 출력 신호가 선형적으로 나타나는 시스템이 있다. 두 개의 입력 신호 $x_1(t)$와 $x_2(t)$에 대한 출력 신호를 $y_1(t)$와 $y_2(t)$라고 할 때, 두 입력 신호를 합친 $x_1(t)+x_2(t)$를 입력하면 두 출력 신호를 합친 $y_1(t)+y_2(t)$가 된다. 또 $x_1(t)$의 a배인 $ax_1(t)$가 입력되면 $ay_1(t)$가 출력된다. 이 긴 말을 수식으로 써보면 다음과 같다.

$x_1(t)$ ⇨ [선형 시스템] ⇨ $y_1(t)$

$x_2(t)$ ⇨ ⇨ $y_2(t)$

$ax_1(t)+bx_2(t)$ ⇨ ⇨ $ay_1(t)+by_2(t)$

$$f(ax_1(t)+bx_2(t))=af(x_1(t))+bf(x_2(t))$$
$$=ay_1(t)+by_2(t)$$

세상에는 비선형적인 것이 훨씬 더 많지만, 학교에서는 주로 선형적인 것을 배운다. 선형 대수학에서는 해를 구하기 위해 연립방정식을 행렬 형태로 표현하고, 역행렬, 변환 등 주로 선형적인 행렬을 공부한다. 대수학뿐만 아니라 미분학에서도 오로지 선형 미분방정식을 배울 뿐이다. 선형도 벅찬데 훨씬 어려운 비선형까지 할 여력이 없기 때문이다. 비선형 문제가 나오더라도 대부분 선형 문제로 변환해서 근사해를 구하기 때문에 큰 걱정은 안 해도 된다.

급변하는 지수 관계

공학 모델에서 변수가 선형적으로 변화하는 경우와 다르게 기하급수적으로 변화하는 경우가 있다. 등차수열은 1, 2, 3, 4, 5, …와 같이 일정한 차이를 두고 덧셈적으로 증가하는 데 비해서 등비수열은 1, 2, 4, 8, …과 같이 일정한 비율에 따라서 곱셈적으로 증가한다. 감소할 때도 마찬가지라서, 128, 64, 32, 16, 8, 4, 2, …는 일정한 비율, 즉 등비로 감소한다. 등차적인 변화는 산술적인 변화로 선형적으로 증가하거나 감소하는 데 비해, 등비적인 변화는 기하급수적인 변화로 지수적으로 증가 또는 감소한다. 지수적인 변화는 인구 증가, 세포 증식, 복리 계산, 자장면 면발 뽑기, 방사능 반감기 등 일상에서도 흔하게 찾아볼 수 있다.

일정한 비율로 변화하는 지수 관계

등비적인 변화를 앞서 설명한 증분(증가분)의 개념으로 설명하면 x의 증분(Δx)에 따라 y의 증분'율' 또는 변화'율'($\frac{\Delta y}{y}$)이 비례하는 관계라고 이해할 수 있다. 헷갈리기 쉬운데, 여기서 증분율이란 증가하는 비율 또는 배율이란 의미로 어떤 '양'의 증가분이 아니라 '비율'의 증가분이다. 다시 말해 x값이 한 단위 증가하거나 감소할 때 y값은 일정 '양'이 아니라 일정 '비율'로 증가하거나 감소한다는 뜻이다. 이 말을 수식으로 표현하면 다음과 같다.

$$\frac{\Delta y}{y} = a\Delta x$$

식을 보면 x값이 증가함에 따라 y값이 일정한 비율로 증가 또는 감소함을 쉽게 파악할 수 있다. 그리고 이 식을 적분하면 다음과 같은 지수함수가 된다.

$$y = Ce^{ax}$$

여기서 지수 a가 양인지 음인지에 따라서 증가 곡선이 되기도 하고 감쇠곡선이 되기도 한다. a가 음수이면 지수 곡선은 일정한 음의 변화율을 보이는 감쇠곡선을 그린다. 이런 곡선이 나타나는 사례로 초등학교 때 배운 방사선 붕괴에 따른 반감기를 떠올리면 된다. 반감기(T)에 해당하는 시간이 지날 때마다 물질의 양(y)은 50퍼센트씩 감소한다. 반감기가 두 번 지나면 25퍼센트, 세 번 지나면 12.5퍼센트로 일정한 비율로 줄어들면서 물질의 양은 점점 0으로 접근한다. 우라늄은 반감기가 45억 년이고, 요오

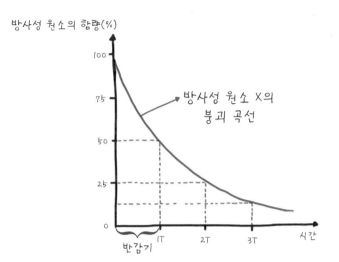

방사성 원소의 함량(%)

방사성 원소 X의
붕괴 곡선

반감기

드는 8일이다. 또 최근 문제가 되고 있는 세슘은 30년이므로, 30년이 지나야 절반으로 줄고, 60년이 지나야 4분의 1이 된다.

그렇다면 a가 양일 때는 어떤 모양의 곡선을 그릴까? 기하급수적인 증가 곡선을 보인다. 중국집 주방장이 수타 자장면을 만드는 과정에서 기하급수적 증가 곡선을 찾을 수 있다. 밀가루 반죽을 한 다음 일단 반으로 접어서 한 번 내리치고 다시 반으로 접어 내리치기를 반복한다. 주방장이 한 번 접어서 내리칠 때마다 면발의 수가 두 배씩 늘어난다. 두 가닥을 반으로 접으면 네 가닥이 되고 네 가닥을 접으면 여덟 가닥이 된다. 즉 접은 회수를 x, 가닥 수 y라 하면 $y=2^x$이 된다. 이러한 작업을 스무 번만 계속하면, 믿거나 말거나 100만 가닥($2^{20}=10^6$)이 된다. 여기서 열 번을 더해 30번을 접으면 무려 10억 가닥($2^{30}=10^9$)의 면을 뽑을 수 있다. 너무 가늘어서 먹을 수 없는 상태가 된다.

초등학교 때 e를 배우지 않기 때문에 지수함수를 설명할 때 부득이 e

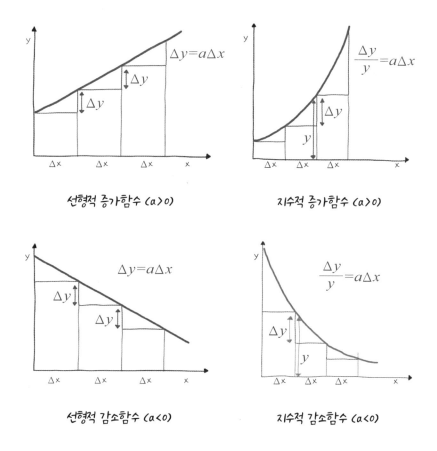

선형적 증가함수 (a>0)

지수적 증가함수 (a>0)

선형적 감소함수 (a<0)

지수적 감소함수 (a<0)

대신 2를 밑수^{base}로 사용했지만, 결국 2^x과 e^x은 같은 지수함수다. 단지 $2^x=e^{0.693x}$ 또는 $e^x=2^{1.44x}$으로서 지수가 0.693배 또는 1.44배 차이 날 뿐이다. 마치 $y=2x$라는 직선식과 $y=2.5x$라는 직선식이 기울기만 다를 뿐 크게 다르지 않은 것과 마찬가지다.

$$y=2^x=e^{(\ln 2)x}$$

공학에서는 '2' 대신 주로 'e'를 밑수로 사용한다. 공대생들은 왜 '어려운' e를 좋아하는 것일까? 우선, e는 어려운 수가 아니고 2.7818…이라는 조금 복잡한 하나의 수일 뿐이다. 3.452라는 수가 3.4에 비해서 어려운 것이 아니라 좀 복잡할 뿐인 것처럼 말이다. 둘째, e는 상수 중에서 가장 자연스러운 상수다. 오죽하면 이름까지 자연상수일까. e는 로그를 취하면 1이 되고, e^x을 미분하면 다시 e^x이 되는 등 '자연스러운' 성질을 가지고 있다. 그래프로 설명하면 함수값의 변화율이 함수값 자체와 같은 함수다. 즉 함수값이 0.1일 때는 10퍼센트씩 증가하고 0.2가 되면 20퍼센트씩 증가하는 함수인 것이다. 이보다 더 붙임성 좋고 편리한 수가 있을까. e에 대한 거부감을 없애면 또 하나의 수학 장벽을 넘을 수 있다.

지수그래프를 더 편하게 읽는 법

그래프는 데이터의 변화를 한눈에 보여주므로 공학 공부를 하다 보면 그래프가 자주 등장한다. 지수 a가 양의 값을 가질 때 지수함수는 급격히 증가하고, 음의 값을 가질 때 지수함수는 감소하면서 0으로 한없이 접근한다. 그래프를 볼 때 익숙해져야 할 또 하나의 요소는 축의 눈금이다. 선형 그래프에서는 넓은 범위의 함수값을 한꺼번에 나타내거나 작은 값을 확대해서 보여주기 어렵기 때문에 종종 로그 눈금을 이용한다.

지수함수 곡선을 세미로그 그래프(x축은 선형 눈금, y축은 로그 눈금)에 그리면 직선 모양이 된다. 이때 직선의 기울기가 지수함수의 지수에 해당한다. 따라서 지수함수는 세미로그 그래프에서 y의 변화'율' $\frac{\Delta y}{y}$가 x의 변화량 Δx에 비례한다는 사실을 보여준다. 세미로그 또는 로그-로그 그래프에 사용되는 로그 눈금에 관해서는 1부에서 다루었으니 다시 한번 읽어보길 바란다.

긴꼬리 멱수 관계
같은 듯 다른 지수와 멱수

다음으로 멱수 관계다. 멱수 관계는 거듭제곱 관계다. 다음 식은 멱수 관계를 함수식으로 표현한 멱함수power function (거듭제곱 함수)다. 수식을 보고 알아챘겠지만, 우리가 잘 아는 이차함수나 삼차함수가 바로 멱함수 중 가장 간단한 형태다.

$$y=x^a$$

멱함수 $y=x^a$을 앞서 설명한 지수함수 $y=a^x$과 헷갈려 하는 경우가 종종 있다. 두 함수는 언뜻 비슷해 보이지만 다르다. 지수함수는 상수 a에 변수 x제곱을 한 것이고, 멱함수는 변수 x에 상수 a제곱을 한 것이니 말이다. 둘 다 어깨수exponent와 밑수로 이루어져 있다. 밑수가 상수이고 어깨수가 변수일 때 그 어깨수를 지수라고 하고, 반대로 밑수가 변수이고 어깨수가 상수이면 그 어깨수를 멱수 또는 거듭제곱수라 한다.

멱함수와 지수함수의 차이는 간단히 숫자를 넣어보면 잘 드러난다. $a=2$이고 x가 1, 2, 3, …으로 증가할 때 지수함수는 2^1, 2^2, 2^3, …, 즉 2, 4, 8, 16, …과 같이 증가하고, 멱함수는 1^2, 2^2, 3^2, …, 즉 1, 4, 9, 16, …과 같이 증가한다. 지수함수의 변화가 멱함수보다 더 급격하다. 이는 뒤쪽에 소개할 통합비례법칙의 그래프를 봐도 알 수 있다. 그래프 초반에는 멱함수가 빠르게 증가하지만 진행할수록 지수함수의 그래프가 더 가파르게 증가한다. 멱수가 음수이면 감소한 수가 되는데, 감소할 때 멱함수는 뒤로 갈수록 천천히 감소하면서 긴꼬리를 남긴다.

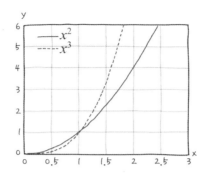

멱수가 양의 정수

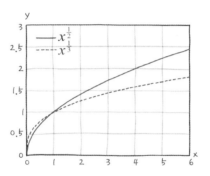

멱수가 1보다 작은 양수

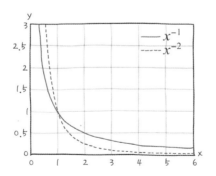

멱수가 음수

멱수 관계에서 멱수(거듭제곱수)는 제곱, 세제곱과 같이 양의 정수를 갖는 경우가 많지만, 1보다 작거나 음수를 갖는 경우도 있다. 거듭제곱수 a가 $\frac{1}{2}$이면 제곱근 관계, $\frac{1}{3}$이면 세제곱근 관계라고 한다. 또 거듭제곱수가 음수면 역비례 관계가 된다. 특별히 거듭제곱수가 −1인 경우를 반비례 관계라 하고 −2인 경우를 제곱 반비례 관계라고 한다.

멱수 관계는 y의 변화율($\frac{\Delta y}{y}$)이 x의 변화율($\frac{\Delta x}{x}$)에 비례하는 관계로 설명할 수 있다. 다시 말해 x의 퍼센트 증분율에 비례하여 y의 퍼센트 증분율이 결정된다. 이를 수식으로 정리하면 다음과 같다.

$$\left(\frac{\Delta y}{y}\right)=a\left(\frac{\Delta x}{x}\right)$$

비례상수가 a일 때 x가 1퍼센트 변화하면 y는 a퍼센트 변화한다. 위 식은 $y=x^a$을 미분 형태로 표현한 것이다. 바로 멱함수다. 함수식을 보면 알 수 있듯이 멱함수를 로그-로그 그래프에 그리면 직선으로 나타난다. 이차함수 관계라면 기울기가 2, 삼차함수 관계라면 기울기가 3, 반비례 관계이면 −1, 제곱 반비례 관계이면 기울기가 −2가 된다. 그래프는 뒤에 나오는 통합비례법칙에서 확인할 수 있다. 예를 들어 중국의 경제성장률이 6퍼센트이고 우리나라 경제성장률이 3퍼센트라고 하면, 성장률이 두 배라서 3퍼센트 차이를 별것 아닌 것으로 생각하기 쉽다. 하지만 알고 보면 증분율이 두 배이므로 거듭제곱수가 두 배가 되어 중국이 우리나라 경제 규모의 제곱에 비례해서 증가하는 어마어마한 관계인 것이다.

긴꼬리 법칙

멱함수에서 거듭제곱수인 a가 음수면 x 값이 증가함에 따라서 함수값 y는 감소하여 0으로 접근한다. a 값이 어떤 크기를 갖든 관계없이 모두 0으로 접근하는데, 그래프에 그려진 모습을 보면 지수함수에 비해 감소 속도가 느린 것을 알 수 있다. 이러한 특성을 보이는 것을 마치 꼬리가 가늘고 길게 늘어진 모양과 같다고 하여 긴꼬리(롱테일) 법칙이라고 한다.

긴꼬리 법칙은 멱법칙power law 또는 지프의 법칙Zipf's law으로 불리는데, 사회경제 분야에서도 폭넓게 쓰이고 있다. 예를 들어 그래프 가로축에 서적 판매 순위를, 세로축에 판매량을 그리면 잘나가는 서적부터 잘 팔리지 않는 서적까지 판매량이 점점 줄어드는 모습을 볼 수 있다. 그런데 비인기 상품의 개별적인 판매량은 많지 않더라도 이들을 합치면 전체 판매량의 상당한 부분을 차지한다. 마치 공룡의 긴꼬리처럼 꼬리 부분의 판매량 감소가 생각보다 급격히 떨어지지 않고 길게 늘어서 있기 때문이다. 부자들을 일렬로 세우고 보유 재산을 그린 그래프도, 많이 사용되는 낱말부터 차례로 사용 빈도를 그린 그래프도 긴꼬리 법칙을 따른다. 이런 사례는 셀 수 없이 많다.

긴꼬리 법칙은 비즈니스 모델뿐 아니라 공학 문제에서도 종종 발견된다. 지진 강도와 발생 빈도와의 관계, 유리가 깨지면서 생긴 파편의 크기와 개수의 관계, 원자력 발전소 사고의 규모와 발생 빈도와의 관계 등이 긴꼬리 법칙을 따른다. 긴꼬리 법칙은 멱함수 분포를 보이는 것이므로, 작은 지진이 몇 차례 이상 발생하면 커다란 지진이 반드시 뒤따른다는 일종의 비례 법칙을 써서 대규모 지진의 발생을 예측하기도 한다. 이렇듯 자연 현상이나 공학 문제에서 멱함수 관계로 이해해야 할 경우가 종종 나온다.

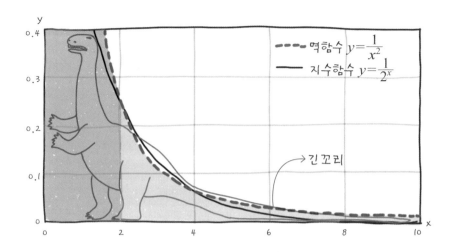

위의 그래프는 멱함수를 지수함수와 비교한 것이다. 두 곡선 모두 x가 증가함에 따라 비슷하게 0에 접근하지만, 멱함수는 상대적으로 빨리 감소하지 않고 0으로 접근하는 데 상당히 오래 걸린다. 파란색이 머리 부분이고 회색이 긴꼬리 부분이다.

통합비례법칙 정리

지금까지 설명한 선형 관계와 지수 관계, 멱수 관계를 정리하면 다음 표와 같다. 선형 관계는 x의 증분과 y의 증분이 비례 관계이고, 지수 관계는 x의 증분에 따른 y의 증분율이 비례 관계이며, 멱수 관계는 x의 증분율과 y의 증분율 사이가 비례 관계다.

공학에서 지수함수나 멱함수는 선형함수 못지않게 물리적 변수들 사이의 관계를 설명할 때 흔히 사용된다. 따라서 공학 모델링을 할 때 지수 관

	관계	설명	함수식
선형 관계	$\Delta y = a\Delta x$	y의 변화량은 x의 변화량에 비례 예) x가 1 증가하면 y는 2 증가	$y=ax$
지수 관계	$\left(\dfrac{\Delta y}{y}\right)=a\Delta x$ 또는 $\Delta \ln y = a\Delta x$	y의 변화율(퍼센트)은 x의 변화량에 비례 예) x가 1 증가하면 y는 2퍼센트 증가	$y=a^x$
멱수 관계	$\left(\dfrac{\Delta y}{y}\right)=a\left(\dfrac{\Delta y}{x}\right)$ 또는 $\Delta \ln y = a\Delta \ln x$	Y의 변화율은 x의 변화율에 비례 예) x가 1퍼센트 증가하면 y는 2퍼센트 증가	$y=x^a$

계와 멱수 관계의 차이를 이해하고, 변수들 사이의 관계가 지수 관계인지 멱수 관계인지를 판단할 수 있어야 한다. 이들을 종합하여 하나의 통합 비례 법칙으로 정리하면 위의 도표와 같다.

오른쪽 그림은 선형 관계, 지수 관계, 멱수 관계를 일반 선형 그래프, 세미로그 그래프, 로그-로그 그래프로 그린 것이다. 선형 관계에서는 y가 일차함수 ax의 형태로 나타나고, 지수 관계에서는 y가 지수함수 a^x의 형태, 멱수 관계에서는 y가 거듭제곱함수 x^a의 형태로 나타난다. 그래프 세 개는 증가함수, 나머지 세 개는 감소함수다. 그래프를 보면 선형함수보다 멱함수, 그리고 멱함수보다는 지수함수의 증가 속도나 감소 속도가 더 빠르다는 것을 알 수 있다.

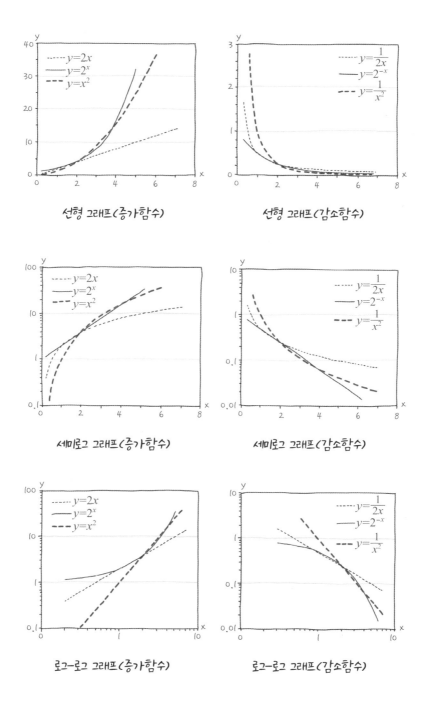

선형 그래프(증가함수)

선형 그래프(감소함수)

세미로그 그래프(증가함수)

세미로그 그래프(감소함수)

로그-로그 그래프(증가함수)

로그-로그 그래프(감소함수)

5
전공별로 기본적인 공학 모델링

공학 설계를 할때 시간과 비용, 노력을 절약하기 위해 모델링 작업을 한다. 제품이나 시스템을 개발하는 과정에서 모델링 작업을 통해 설계 변수를 변화시키며 최적의 설계 조건을 찾을 수 있고, 개발이 완료되는 시점에는 원래의 설계대로 작동하는지 완제품의 성능도 검증할 수 있다. 지금까지 공학 모델링을 할 때 공통적으로 활용되는 개념들을 간단히 소개했는데, 사실 공학 모델링은 전공 분야만큼이나 다양하기 때문에 구체적인 모델링 대상이나 방법은 전공 선택 이후에나 배운다. 모델링은 전공에 따라 건축물과 같은 구조물에 대한 구조 모델링, 로켓의 움직임과 같은 운동 모델링, 화학 공정에 대한 공정 모델링, 전기회로에 대한 회로 모델링 등 다양하다. 여기서는 전공에 따른 여러 모델링 작업을 간략히 소개한다.

거의 모든 공대생이 다루는 3D 모델링

3D 모델링은 가장 기본적인 모델링으로서 건축물, 토목 구조물, 기계 장치, 자동차 부품, 화공 배관 등 실물을 다루는 거의 모든 공학 분야에서 활용된다. 복잡한 형상을 단순화하여 원통, 구, 육면체 등 기하학적 형상으로 조합하는 작업이다. 주로 상용 CAD 프로그램을 써서 형상 자체만을 모델링하기 때문에 사용자 입장에서 따로 수학식이 필요하지 않다. 단순화된 모델은 개념적인 아이디어를 형상화하여 눈에 보이도록 해준다는 의미도 있지만, 이렇게 만들어진 모델을 기본으로 하여 구조나 시스템의 특성을 결정하고 조절하는 등 다양하게 공학적인 해석을 할 수 있다.

3D 모델링

구조역학에서 필수인 구조 모델링

형상화된 모델이 구조적으로 튼튼한지 모델링하는 작업은 건축물이나 토목 구조물은 물론이고 기계 부품에 대해서도 매우 중요하다. 구조 모델링 역시 단순화가 기본이다. 구조물에 작용하는 힘 중에서 그리 중요하지 않은 힘은 무시하고 구조적으로 문제가 될 수 있는 중요한 힘을 중심으로 모델링한다. 주어진 힘에 대해서 구조물이 충분한 강도를 가지고 지탱할 수 있는지 해석하고, 각 부재의 변형의 정도를 계산한다.

막대 형태의 부재들이 삼각형 형태로 서로 연결되어 전체적인 뼈대를 구성하는 트러스 구조는 교량이나 건축물 등 주변에서 흔하게 찾아볼 수 있다. 삼각형은 사각형과 달리 쉽게 일그러지지 않고 안정적이다. 그래서 트러스 구조의 다리나 건축물을 많이 짓는다. 그림과 같은 트러스 구조의

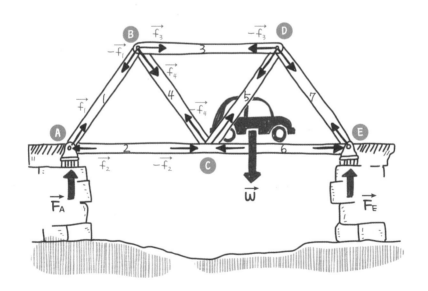

트러스 형태의 교량에 대한 구조 모델링

다리를 설계할 때 차량의 무게와 교량 자체의 무게를 고려하여 각 접점 A, B, C, D, E에서 힘의 평형이 이루어진다는 가정 아래 구조 모델링을 한다. A점에서 힘의 평형이 이루어져 있다면 $\vec{F_A}+\vec{f_1}+\vec{f_2}=0$이라고 쓸 수 있고, B점에서 힘의 평형이 이루어져 있다면 $-\vec{f_1}+\vec{f_3}+\vec{f_4}=0$이라고 쓸 수 있다. 다른 지점도 마찬가지다. 한편 이 다리의 전체 평형식은 $\vec{F_A}+\vec{F_E}+\vec{W}=0$으로 쓸 수 있다. 이렇게 모델링한 결과로부터 각각에 작용하는 힘을 해석하고 이를 지탱할 수 있는 부재의 굵기를 설계한다.

기구를 만들 때는 기구 모델링

기계 장치는 부품과 부품을 연결하는 링크들로 구성된다. 예를 들어 두 개의 고정축과 두 개의 이동축이 네 개의 막대(조인트)로 연결된 것을 4절 링크라고 한다. 여기서 고정축은 회전을 구속하는 일을 하고, 이동축은 회전운동과 병진운동을 할 수 있게 해준다. 또 나사 스크류는 회전운동을 직선운동으로 바꾸고, 크랭크축은 왕복운동을 회전운동으로 바꾼다.

이러한 부품들을 조합하면 다양한 운동을 하는 기계장치를 만들 수 있

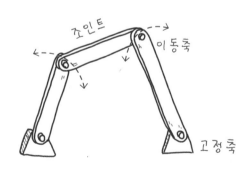

4절 링크

181

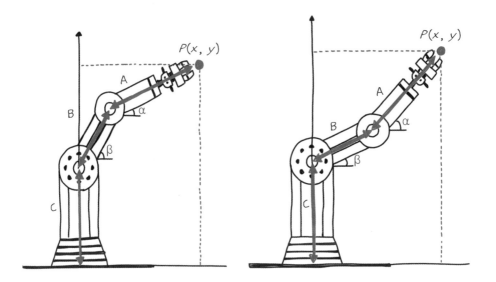

로봇 팔의 회전각에 따른 기구학적 모델링
– 동일한 지점에 도달하는 다른 방법이 있다

다. 이때 기구학적인 모델링 작업을 하면서 각 부품의 위치와 각도에 따라 전체 기구가 어떤 궤적을 그리며 어떻게 움직이는지 분석하고, 부위별로 서로 간섭하는 등 전체적인 움직임에 문제가 없는지 확인한다.

기구학은 로봇 운동을 모델링하는 데 필수적이다. 로봇팔의 위치는 각각의 팔길이와 회전 각도가 주어지면 쉽게 계산할 수 있다. 예를 들어 팔길이가 고정되었을 때 회전 각 α, β로부터 로봇팔의 목표 위치 x, y를 구할 수 있다. 즉 x는 $A\cos\alpha + B\cos\beta$이고, y는 $A\sin\alpha + B\sin\beta + C$다.

하지만 실제 로봇을 운용할 때는 반대 방향의 모델링이 필요하다. 즉 로봇팔을 원하는 위치로 이동시키기 위해 필요한 팔길이나 회전 각도를 계산해야 한다. 이를 역*기구학이라 한다. 기구학이 주어진 팔길이와 회전 각도로부터 로봇팔의 위치 x와 y를 구하는 것이라면, 역기구학에서는 원하는 로봇팔의 위치 x와 y에 도달하기 위한 팔길이 A, B, C 또는 관절 사이의 회전 각도 α, β를 구하는 것이다. 역기구학에서는 정기구학과 달리 솔루션이 하나가 아니라 여러 개 존재할 수 있다. 앞의 그림이 보여주듯 똑같은 목표 지점에 도달한 로봇 팔의 자세가 다르다.

운동하는 모든 물체는 운동 모델링

공학에서 동역학은 움직이는 모든 물체에 적용된다. 기계공학에서는 엔진의 운전 상태를 해석하고, 생체공학에서는 골격의 움직임을 설명하며, 항공공학에서는 로켓의 운동을 예측한다. 동역학적 모델링은 뉴턴의 운동법칙을 써서 물체의 궤적과 속도, 가속도의 변화를 모델링하는 것이다. 앞서 설명한 특수부대원의 낙하 모델과 같이 중력과 공기 항력 등을 고려해서 포탄의 궤적을 모델링할 수 있다. 공기 항력을 무시하면 포탄의 수평 방향 속도는 그대로 유지되고, 수직 방향 속도는 중력의 영향을 받아 아래로 가속을 받는다. 미분방정식을 두 번 미분하면 x축과 y축 위치를 시간에 따른 함수로 표현할 수 있고, 여기서 시간 t를 소거하면 x와 y로 이루어진 포탄의 궤적을 구할 수 있다. 실제로 작용하는 힘들을 모두 고려하고 포탄의 질량 변화나 밀도 등 물성치들의 변화까지 고려하면 좀 더 현실에 가깝게 모델링할 수 있다.

유체의 운동은 유동 모델링

유동을 해석하는 방정식을 나비에 스토크스Navier-Stokes, N-S 방정식이라 한다. N-S 방정식은 비선형 연립 미분방정식으로 상당히 복잡한 모양을 하고 있다. 그렇지만 기본적으로는 유체에 적용되는 뉴턴의 법칙이라 할 수 있다. 난류 등 유체 현상 자체가 복잡하기 때문에 유동 모델링 작업은 쉽지 않다. 작은 스케일의 와동부터 큰 규모의 와류까지 모두 포함하는 수학적 모델이 필요하고, 특히 파도처럼 물의 표면이 존재하는 유동이나 상변화와 화학반응이 수반된 유동 등은 불규칙하고 여러 현상들이 복합되어 있어 모델링이 더욱 어렵다.

유체유동을 컴퓨터로 해석하는 분야를 전산유체역학Computational Fluid Dynamics, CFD이라 한다. 대기권의 유동, 해양의 순환과 같은 큰 규모의 유동해석은 계산량이 엄청나게 많기 때문에 슈퍼컴퓨터 같은 고성능 컴퓨터를 이용한다. 이 밖에도 항공기 주변의 유동, 자동차 엔진 내부의 유동, 몸속 혈액 유동 등 전산유체역학의 응용 분야는 매우 넓다. CFD는 예술 산업 분야에서도 널리 활용된다. 폭발 현상이나 소용돌이처럼 영화나 광

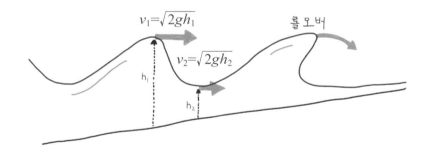

$$v_1 = \sqrt{2gh_1}$$
$$v_2 = \sqrt{2gh_2}$$

롤오버

h_1

h_2

수심 변화에 따른 파도의 롤오버 유동 모델링

고에서 사용하는 애니메이션을 유체역학에 근거하여 제대로 모델링하면 실제와 흡사한 효과를 얻을 수 있다.

파도의 속도는 수심의 제곱근에 비례하는 것으로 알려져 있다. 따라서 파도의 윗부분 속도가 골의 속도보다 빠르다. 그 결과 해안가로 다가오는 파도는 속도가 빠른 윗부분만 먼저 도착하므로 결국 앞으로 넘쳐흐르는 롤오버roll-over 현상이 일어난다. 물론 실제 파도의 움직임을 시뮬레이션 할 때는 훨씬 복잡한 모델링 작업이 필요하다.

화학공정에서는 공정 모델링

화학 물질을 제조하는 공정은 여러 단계의 단위 공정(또는 단위 조작)으로 이루어진다. 제조하려는 물질에 따라 필요한 공정은 다르지만, 공통적인 몇 개의 단위 공정의 조합으로 이루어진다. 단위 공정에는 증발, 응축, 흡착, 추출, 가열, 냉각, 흡수, 건조, 침강, 교반 등이 있다. 원유를 정유하는 증류탑 공정을 보면, 원유가 유입된 다음 휘발유, 석유, 등유, 아스팔트 찌꺼기 등으로 분류된다. 이때 혼합물인 원유로부터 다양한 물질들을 분리해내기 위해 물질의 끓는점의 차이를 이용하는데, 이 공정이 바로 증류다. 원유를 증류할 때나 식용유를 증류할 때나 사용하는 장치는 크기나 세부적 구조는 다를지라도 기본 원리는 같다. 모두 에너지 보존 법칙과 열과 물질의 전달 원리가 적용된다. 이러한 원리가 적용된 단위 공정들을 모델링한 다음, 이들을 통합하여 전체 화학 공정을 모델링한다.

물질 m이 m_1과 m_2로 분리되는 어떤 화학 공정이 있다. 중간에 어떤 과정을 거치든 질량은 보존되므로 $m=m_1+m_2$이고, 에너지 역시 보존되므

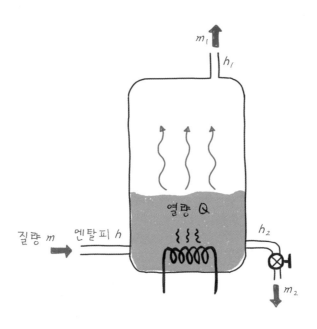

화학 공정 모델링

로 유출입되는 엔탈피enthalpy와 열발생량을 고려하면 $mh+Q=m_1h_1+m_2h_2$로 쓸 수 있다.

교통 상황을 예측할 때는 교통 모델링

교통공학은 도로의 교통 상황을 분석하여 시간대별 통행량과 통행 속도 등을 예측한다. 교통 모델링은 교차로, 진입로, 로터리 등 도로의 단위 요소를 대상으로 하거나 도시 전체의 도로망을 대상으로 교통 상황을 모델링한다.

교통 모델링은 교통의 흐름을 종종 유체역학적인 관점에서 접근한다.

도로라는 유체 관로에 차량이라는 유체가 연속적으로 흘러가는 것으로 해석하는 것이다. 도로는 관로처럼 넓어지거나 좁아지기도 하고, 진입로나 교차로는 관로의 분지관처럼 차량이 합쳐지거나 갈라진다. 대도시의 거대한 도로망은 유체가 연속적으로 흐르는 배관망으로 이해할 수 있다. 그런가 하면 교통의 흐름을 개별 차량의 움직임으로 보는 라그랑주 관점에서 모델링하는 방법도 쓴다. 자동차 한 대를 하나의 개별 입자라고 생각하고 교통신호나 도로 표지판에 따라 출발지에서 도착지까지 이동시킨다. 미리 설정한 운전자의 특성에 따라 차량을 통계적으로 유의미한 수만큼 도로망에 투입하고 교통 현상을 모델링한다.

교통 문제는 대표적으로 현실적인 공학 문제다. 실제 도로 여건이나 사람들의 운전 패턴과도 관련이 높으므로 실제 상황과 운전자의 심리를 어떻게 단순화하고 수식화할 것인가 하는 점이 매우 중요하다. 같은 도로

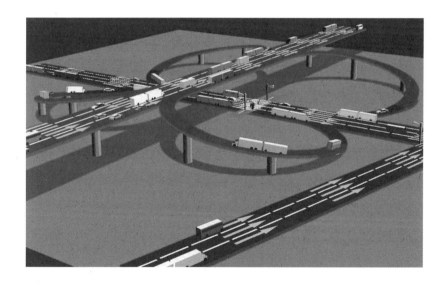

도로 교통 모델링

라도 그곳을 운전하는 사람들의 운전 습관에 따라서 정체가 발생할 수도 있고 그렇지 않을 수도 있기 때문이다. 교통 모델링은 새로운 도로를 설계하거나 교차로 신호 체계를 개선하여 도로의 지체와 정체를 줄이고 도시 전체의 교통 시스템을 개선하는 데 활용된다.

신호 처리에는 주파수 모델링

통신 신호나 기계 진동 등 각종 파동에 괸힌 분야에서 주파수 모델링을 한다. 주파수 모델링은 복잡한 신호에 들어 있는 주파수 성분들을 분석하는 일이다. 파동은 매질을 통해서 운동이나 에너지가 전달되는 현상이다. 빛이나 소리도 파동이다. 파동은 고유한 진폭amplitude과 주파수frequency를 갖는다. 주파수는 주기period의 역수로 1초에 몇 번 진동하는지 나타낸다.

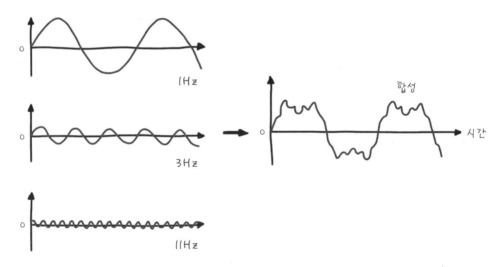

정현파의 중첩

예를 들어 교류 전기는 220볼트의 진폭과 60헤르츠의 주파수를 가진다. 소리의 경우 진폭은 소리의 크기, 주파수는 소리의 높낮이를 나타낸다.

크고 작은 여러 개의 소리굽쇠를 동시에 울리면 각 소리굽쇠가 내는 소리가 합쳐지면서 다양한 소리를 만들어낸다. 이를 거꾸로 생각하면 여러 개의 소리굽쇠가 만들어내는 복잡한 소리를 분석해 각각의 소리굽쇠가 만들어내는 단순한 파형으로 분해할 수 있다. 이것은 비단 소리 신호뿐 아니라 모든 형태의 주기함수나 신호에도 적용된다. 이때 사용되는 방법이 푸리에 변환이다. 공업 수학에 나오는 푸리에 변환과 푸리에 역변환은 시간 대역time-domain의 신호를 주파수 대역frequency-domain의 진폭과 주파수로 분해할 수 있게 해준다.

주파수 분석은 신호처리 분야에서 활발하게 이용되고 있다. 기계적 진동이나 통신 신호에 들어 있는 주파수를 성분별로 분석한 후 특정한 주파수를 차단하거나 통과시키는 필터를 개발할 때, 전기 신호를 압축하여 송

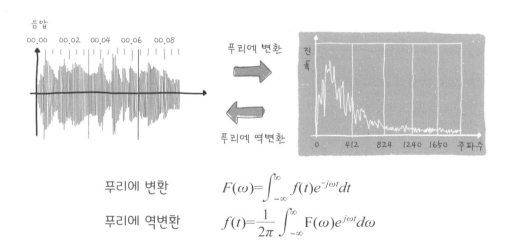

$$\text{푸리에 변환} \qquad F(\omega)=\int_{-\infty}^{\infty} f(t)e^{-j\omega t}dt$$

$$\text{푸리에 역변환} \qquad f(t)=\frac{1}{2\pi}\int_{-\infty}^{\infty} F(\omega)e^{j\omega t}d\omega$$

시간대역의 음성 신호를 주파수 대역으로 변환하거나 역변환하는 신호 모델링

수신을 빠르게 하고 데이터 저장용량을 줄일 때 이용된다. 특히 푸리에 변환은 영상 필터링이나 파일 압축에 널리 활용되면서 오늘날 없어서는 안 될 디지털 핵심 기술로 자리 잡았다.

전자회로에는 회로 모델링

전자회로는 저항, 인덕터, 콘덴서, 다이오드, 트랜지스터와 같은 전자 부품들로 구성된다. 간단한 회로든 복잡한 회로든 모든 회로는 주어진 입력을 받아서 변형시킨 후 출력 전압을 만들어낸다. 회로를 구성할 때 예전에는 개별 부품들을 하나씩 전선으로 납땜했지만, 요즘은 인쇄회로기판Printed Circuit Board, PCB을 이용한다. 집적회로Integrated Circuit, IC는 수많은 전자 부품들을 하나의 반도체 칩에 집어넣은 회로인데, 각각의 부품을 연결해서 전자회로를 구성하는 것보다 비교도 안 될 정도로 작고, 빠르고, 싸게 만들 수 있다. 집적회로는 1958년 잭 킬비Jack Kilby가 발명한 이래 반

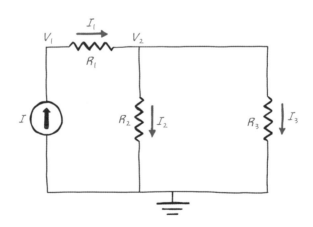

전원과 저항으로 구성된 간단한 전기회로 모델링

도체 제조 기술의 발달에 힘입어 수십억 개의 소자를 포함하는 고성능 대형 집적회로인 VLSI Very Large Scale Integration 로 발전했다. 반도체는 오늘날 스마트폰부터 전자레인지까지 모든 것을 제어하는 현대 정보사회의 핵심 부품이다.

전기회로를 모델링할 때 회로 이론에 적용되는 기본 법칙인 옴의 법칙, 키르히호프 법칙 등을 이용하여 회로의 입출력과 각 소자에 걸리는 전압과 전류를 분석한다. 간단한 전자회로의 특성은 비교적 잘 알려져 있어서 특별한 모델링이 필요하지 않고, 복잡한 회로의 경우에는 주로 SPICE라는 범용 프로그램을 써서 전기적 성능 특성을 시뮬레이션한다.

제어공학에서 주로 하는 시스템 모델링

제어공학은 말 그대로 시스템을 제어하기 위한 공학이다. 제어하는 대상은 항공기, 파워플랜트, 건물 냉난방, 계측제어 시스템 등 모든 종류의 실제 시스템이다. 주변에서도 흔하게 찾아볼 수 있는데, 화장실 변기에 일정한 수위가 유지되도록 하거나 냉장고 온도가 일정하게 유지되도록 하는 장치 등이 있다.

간단한 제어 방식으로, 한 방향으로 제어하는 개방 루프open-loop 방식이 있다. 입력된 값에 따라 출력값이 결정되지만, 출력값이 다시 입력값으로 이용되지는 않는다. 예를 들어 주방 조리기구를 켜서 원하는 온도를 섭씨 70도로 입력하면 측정된 온도가 목표값에 도달하는 순간 꺼진다. 시간이 지나면서 온도가 내려가지만 저절로 켜지지는 않는다. 만약 음식을 일정한 온도로 유지하고 싶다면 폐쇄 루프closed-loop 시스템을 써야 한다.

현재 측정된 온도를 피드백하여 목표 온도보다 낮으면 전원을 켜고, 높으면 끄는 방식이다. 출력값을 되매김feedback하여 입력값에 다시 영향을 미치도록 하는 것이다.

이와 같이 단순한 온오프on/off 제어보다 발전된 제어 방식으로 목표 함수의 기울기나 적분값 등을 이용해서 빠르고 정밀하게 제어하는 PID(비례, 적분, 미분) 제어 방식 등이 있다. 비례 제어 방식은 온도가 낮으면 불을 세게 해서 빨리 가열시키고, 온도가 목표값에 가까우면 불을 낮추어 온도 상승 속도를 줄인다. 또 미분 제어 방식은 온도 값뿐 아니라 온도 변화율까지 고려하여 제어한다.

제어 방식에 따라서 시스템이 목표값 부근에서 안정적으로 유지되기도 하고 아래위로 변동하면서 불안정한 모습을 보이기도 한다. 시스템 모델링 작업을 하면 제어 방식에 따른 시스템의 동적 특성과 문제점을 미리 파악할 수 있다. 이때 제어 대상은 온도, 수위, 운전, 신호 등을 조절하는 개별적인 부품이나 전자 장비일 수도 있고, 이들의 집합체인 전체 시스템으로 확장될 수도 있다. 시스템 엔지니어는 시스템의 동적 특성을 파악하고 시스템에 적용할 적합한 제어 방식을 결정한다. 제어 특성은 주로 미분방정식 형태로 주어지며 이를 분석하기 위해서 라플라스 변환과 선형대수학과 같은 수학 지식이 활용된다.

인공지능 모델링

앞서 설명한 모델링들은 모두 과학 법칙에 근거하여 이루어진다. 입력 변수들이 주어지면 그에 따라 결과값이 하나로 결정되기 때문에 이러한 모델을 현상적인 모델 또는 결정론적인 모델이라 한다. 현실에서는 여러 가지 현상들이 복합적으로 일어나지만, 모든 현상을 고려하기는 어렵기 때문에 복잡한 부분은 어느 정도 단순화할 수밖에 없다. 따라서 실제 결과와 잘 맞추기 위해서는 부득이 여러 가지 경험적인 계수들에 의존해야 한다.

앞에서 설명했던 특수부대원들의 낙하 모델을 만들어내는 과정을 떠올려보자. 처음에는 가장 단순한 모델을 만들었지만, 현실을 좀 더 정확히 반영하기 위해서 공기 항력까지 고려한 개선된 낙하 모델을 만들었다. 그렇지만 항력계수가 실제 얼마인지 정확하게 알 수 있을까? 입은 옷이 몸에 얼마나 밀착되어 있는지, 낙하 부대원의 몸이 얼마나 큰지, 또 어떤 자세를 하고 있는지 등 여러 가지 요소가 얽혀 있으므로 현실적인 변수들을 항력계수 같은 물리 변수와 연결시키는 것은 쉬운 일이 아니다. 정확한 항력계수 값이 입력되지 않으면 아무리 대단한 물리법칙을 적용했다 하더라도 실제 결과를 정확하게 모델링하기 어렵다는 한계도 분명 있다. 그런데 최근 이런 한계를 돌파할 새로운 움직임이 나타났다. 바로 인공지능 모델링이다.

디지털 시대인 현재, 각 분야에서 엄청나게 많은 데이터가 축적되고 있다. 측정된 데이터는 실제 일어나고 있는 현상을 있는 그대로 보여주기 때문에 이를 분석하면 실제 현상을 해석하고 예측할 수 있다. 공학 문제에서도 데이터는 매우 유용하다. 과학적으로 인과관계가 명확하게 알려지

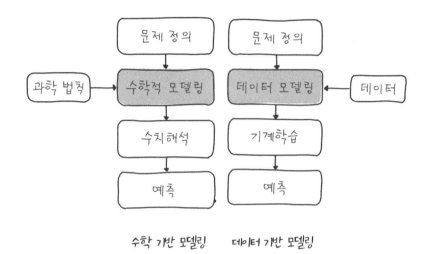

수학 기반 모델링　　데이터 기반 모델링

지 않은 경우라 할지라도 실제 관측된 데이터에 근거한 모델링만큼 실제 현상을 잘 반영하는 것은 없기 때문이다.

미분방정식에 기반한 모델링은 기계공학이나 전자공학처럼 과학 원리가 밝혀진 현상을 모델링할 때 적합하다. 반면 데이터에 기반한 모델링은 인과관계를 모르더라도 입력 변수로 구성된 모델을 만들 수 있기 때문에 뇌공학이나 생명공학 등에 널리 응용되고 있다. 최근 들어서는 전통적인 공학 분야에서도 기존의 결정론적인 접근 방법에서 벗어나 데이터 기반의 기계학습 모델링을 병행하는 추세다.

방정식을 이용한 모델링이 해석학에 기초하고 있다면, 데이터에 기반한 모델링은 이산수학에 기초하고 있다. '이산'이란 실수처럼 연속적인 것이 아니라 자연수처럼 드문드문 떨어져 있는 것을 말한다. 이산수학 discrete mathematics, 離散數學은 이산적인 수학 구조와 비연속적인 대상을 다루는 수학 분야로, 20세기 후반 컴퓨터의 발달과 함께 빠르게 발전하고 있다. 이

	미분방정식에 근거한 수학적 모델	데이터에 근거한 인공지능 모델
근거	과학 법칙	수집된 데이터
모델 형태	미분방정식 모델	기계학습 모델
해의 형태	연속적인 함수	개별적인 숫자/논리
관련 수학	해석학	이산수학
장점	• 원리에 기반한 모델이므로 결과를 대체적으로 유추할 수 있음. • 추가적인 세부 모델을 고려함으로써 모델을 개선해나갈 수 있음. • 보정계수 등을 통해서 정확도를 향상시킴.	• 원인과 결과에 관한 관계를 모르는 상태에서 모델을 만들 수 있음. • 데이터를 축적함으로써 모델의 정확도를 높여나감. • 물리 변수가 아닌 현실적인 실제 변수를 활용함.
단점	• 결과의 정확도는 계수에 의존하는 경향이 있음. • 과학 원리와 수학에 관한 높은 이해도를 필요로 함.	• 결과가 왜 그렇게 나오는지 이유를 설명할 수 없음. • 충분한 데이터가 필요하며 데이터에 접근 가능하여야 함.

산수학은 정보 이론, 신호 처리, 데이터 통신, 네트워크, 논리 구조, 코딩 이론, 프로그래밍 언어 등 공학적 문제 해결을 위한 새로운 수학적 토대가 되고 있다. 특히 인공지능은 선형 대수학과 확률론 그리고 최적화를 위한 다변수 미적분학에 기반하고 있다. 데이터의 선형적 조합은 행렬 형태로 표현되며, 일련의 데이터는 벡터로 표현된다. 최근 들어 인공지능이 발달하면서 선형 대수학이 다시 주목을 받고 있다. 이 분야에서 일하고 싶다면 행렬의 표현과 연산 등에 익숙해질 필요가 있고, 벡터와 관련하여 직교성, 크기, 고유 벡터 등의 개념을 이해할 필요가 있다.

낙하 문제의 인공지능 모델링

앞서 특수부대원의 낙하 문제를 모델링할 때 미분방정식에 근거한 수학적 모델링 방법을 사용했다. 이제 같은 문제를 데이터 기반의 방법으로 모델링해보자. 특수부대원들이 수집한 데이터가 다음 표와 같이 주어졌다. 물론 가상으로 만든 데이터다. 부대원들은 고공 낙하할 때마다 팀 데이터베이스에 자신의 키와 몸무게, 낙하 자세와 의복 종류 등을 기록으로 남겼고, 그에 따른 낙하 시간과 낙하 거리 데이터를 입력했다.

낙하 거리=f(키, 몸무게, 낙하 자세, 의복 종류, 낙하 시간)

제시된 변수들 중 일부는 과학적인 변수로 보기 어렵고 변수들 사이의 함수 관계를 전혀 알 수 없지만, 낙하 거리를 결정하는 변수들이라는 것은 알 수 있다.

인공신경망 학습을 위한 낙하 실험 데이터

실험자	실험 조건				측정 결과	
	키	몸무게	자세	의복	낙하 시간	낙하 거리
다이버 A, 측정1	170cm	80kg	온몸 펴기	꼭 맞는 옷	5초	120m
측정2			온몸 펴기	꼭 맞는 옷	10초	380m
다이버 B, 측정1	175cm	70kg	온몸 펴기	헐렁한 옷	10초	300m
측정2			오므리기	헐렁한 옷	9초	420m
측정3			오므리기	꼭 맞는 옷	10초	450m
다이버 C, 측정1	164cm	65kg	온몸 펴기	중간 상태 옷	8초	150m
...						...

다음으로 그림과 같은 인공신경망을 만들어 이 데이터들을 학습시킨다. 효과적인 인공망 설계를 위한 노드 수나 숨은 층의 열 수, 전달함수의 종류 등은 문제에 따라서 다르며, 해당 분야에서의 많은 경험이 필요하다.

모델이 완성되면 주어진 입력 데이터에 따른 결과를 추정할 수 있다. 키와 몸무게가 주어지고 어떤 의복을 입고 어떤 자세로 뛰어내리면 시간 경과에 따라 얼마만큼 떨어지는지 꽤 정확하게 예측할 수 있다. 많은 데이터로 학습시킬수록 더 좋은 결과를 얻을 수 있지만, 어떠한 원리에 의해서 왜 그러한 결과가 추정되는지는 전혀 알지 못한다. 이세돌과의 바둑에서 인공지능 알파고가 이겼으나 어떻게 해서 이겼는지는 알 수가 없다. 그런 의미에서 인공신경망은 블랙박스와 같다.

인공신경망은 원래 생물학적 신경망에서 영감을 얻은 통계학적 학습

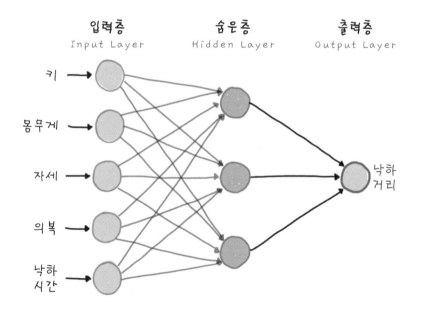

낙하 거리 추정을 위한 인공신경망 모델

197

알고리즘이다. 신경망은 뉴런과 이를 연결하는 시냅스로 구성된다. 뉴런은 인공신경망에서 노드로 표현되며 노드를 연결하는 시냅스는 전달함수로 구현된다. 인공신경망은 규칙 기반의 프로그래밍으로 풀기 어려운 컴퓨터 비전vision이나 음성 인식과 같은 공학 문제를 모델링하는 데 널리 활용되고 있으며, 앞으로 더 많은 응용 분야에 광범위하게 활용될 것으로 기대된다.

4부

손으로 만들고
눈으로 확인하는 일
실험과 실습

1
공대생과 실험실

　실험이라 하면 하얀 가운을 입은 과학자가 비커에 시약을 섞는 모습을 떠올리곤 한다. TV나 영화에 나오는 과학자의 실험은 이런 식으로 그려지는데, 주로 화학이나 생물 분야에서 실험하는 장면이다. 사실 실험은 이보다 훨씬 폭넓게 이뤄진다. 넓은 의미의 실험은 과학 실험뿐 아니라 심리 반응을 테스트하는 심리 실험, 새로운 교육 방법을 적용하는 교육 실험, 경제 정책을 시험하는 정책 실험 등 여러 분야의 실험을 모두 포함한다.

　그렇다면 이렇게 여러 분야에서 실험은 왜 하는 것일까? 여러 가지 목적이 있지만, 결국 가설이나 이론을 검증하기 위해서다. 실험이란 실제로 있을 법한, 또는 실제로 일어나기를 기대하는 다양한 상황을 인위적으로 만든 후 조건을 다양하게 바꿔가며 나타나는 변화를 관찰하고 측정하는 일이다. 대개 실험은 잘 제어된 조건에서 이루어지지만, 있는 그대로의 상태에서 단순히 관찰만 하더라도 계획된 절차에 따라 수행된다면 역시 실험이라 할 수 있다.

공학 실험은 과학 실험과 유사하지만, 자연이 아닌 인공물을 대상으로 한다는 점과 새로운 자연현상을 규명하기 위한 것이 아니라 설계된 제품의 상태를 확인하고 성능을 검증하기 위한 목적으로 수행된다는 점에서 차이가 있다. 공대에서 이루어지는 실험 실습은 교육적 목적이 크다. 공학은 실용적인 학문이기 때문에 머리를 쓰는 이론 교육과 함께 손을 쓰는 핸즈온 기술 교육을 중요시한다. 핸즈온 교육은 손과 머리를 연결시킴으로써 지식을 확고히 하고 창의적인 응용을 가능하게 한다.

실험과 실습은 서로 다르지만 엄밀하게 구분하기는 쉽지 않다. 실험은 원래 '실제로 경험한다'는 의미로, 해보지 않은 것을 한번 해본다는 뜻을 가지고 있다. 간단한 부품을 제작해서 실험 장치를 구성하고, 계측 장비로 측정하고, 데이터를 분석하는 일련의 과정을 실제로 해보는 것이다. 이에 비해 실습이라 하면 '실제로 익힌다'는 뜻으로, 조작 기술을 기능적으로 반복하면서 숙달하는 것이다. 비교적 단순한 제작, 운전, 측정, 분석 작업을 하면서 익히는 것이다. 공대에서의 실습은 숙달될 정도의 기능을 갖추기 위해서라기보다 공학 설계를 위한 제작이나 조작 과정을 이해하기 위한 측면이 크다.

공대 실험 실습의 중요한 목적은 무엇보다 호기심을 불러일으키고 실험 정신을 기르는 데 있다. 공학자에게는 궁금한 것이 생기면 더 알아보려는 지적인 호기심과 아울러 새로운 것을 시도하려는 실험 정신이 중요하다. 머릿속에 있는 아이디어를 실제로 구현하고 확인해보려는 자세가 실험 정신이다. 에디슨은 어려서부터 호기심과 실험 정신이 강해 스스로 달걀을 품어 닭이 부화하는지 실험으로 확인했다는 일화로 유명하다. 최초로 비행에 성공한 라이트 형제는 실제 비행을 시도하기 전에 풍동wind tunnel에서 사전 실험을 수행하였다. 풍동은 바람이 흐르도록 만든 통로인데, 비행기나 자동차 등 물체를 고정해놓고 바람을 일으키면서 여러 가지 유동 실험을 할 수 있도록 하는 일종의 실험실이다. 라이트 형제는 자신들이 만든 비행기를 다짜고짜 바닷가 모래밭으로 끌고 가 무모하게 활공 실험을 하지 않았다. 풍동 안에서 여러 차례 실험을 반복하면서 날개 주위의 유동을 관찰하고 베르누이 원리에 따라 실제로 비행기가 뜨는지 확인하고 또 확인하였다. 끊임없이 확인하고 개선하는 투철한 실험 정신을 발휘한 덕분에 최초의 비행을 성공시킬 수 있었다.

2
실험실의 재료와 공구

공학에서 실험은 실물을 다루는 일이므로 뭐든지 직접 만져보고 직접 해보는 경험이 매우 중요하다. 평상시 사용하는 공구들, 주변에 널린 여러 소재들, 기계 장치의 부속품이나 전기부품 등이 실험에 필요한 감각을 갖는 데 큰 도움이 된다. 미국 학생들은 그런 점에서 대단히 유리하다. 집에는 보통 거라지garage 라고 하는 차고가 있어서 온갖 잡동사니들이 보관되어 있다. 차고에는 페인트 통, 사다리, 정원 호스, 스포츠용품, 잔디깎기 등 집 관리를 위해 필요한 것부터 온갖 나무막대, 쇳조각, 전깃줄, 각종 부속 등 쓰다 남은 재료들과 공구들이 잔뜩 쌓여 있다. 미국의 아이들은 어려서부터 차고에 있는 공구며 부속품 등을 직접 만져보고 뚝딱거리면서 다양한 실물을 체험한다. 집수리를 위해 사람을 부르는 일은 거의 없고 부품을 사다가 직접 고친다. 그런가 하면 이따금 차고 문을 열어 안 쓰는 물건들을 내놓고 이웃들에게 싸게 파는 '거라지 세일'을 하기도 한다.

차고는 집에서 허드렛일을 하기 제일 좋은 공간이며, 가장 창의적인 공간이기도 하다. 빌 게이츠가 마이크로소프트를 창업한 곳도 낡은 차고였고, 스티브 잡스가 스티브 워즈니악과 함께 애플 컴퓨터를 만들기 시작한 곳도 차고였다. 과거로 거슬러 올라가면, 월트 디즈니가 삼촌 집 차고에서 1923년 첫 번째 디즈니 스튜디오를 설립하였고, 윌리엄 휴렛과 데이비드 패커드 역시 실리콘밸리에 있는 어느 차고에서 1939년 1호 벤처기업으로 기록된 HP라는 컴퓨터 회사를 창업하였다. '거라지 창업' 전통은 제프 베조스의 아마존, 래리 페이지의 구글 등으로 지금까지도 계속 이어지고 있다. 차고는 그야말로 실험 정신과 창업의 보고다. 백문이 불여일견이라고 하듯, 말로 설명을 듣는 것보다 눈으로 보는 것이 낫고 직접 만져보고 다루어보는 것이 훨씬 좋다는 얘기다.

기본 공구

무슨 실험을 하느냐에 따라서 사용하는 재료나 실험 장치도 천차만별이다. 하지만 실험할 때 공통적으로 사용하는 기본 공구나 부품, 실험 용기가 있다. 여기서는 공학 실험을 염두에 두지 않더라도 상식적으로 알아두면 좋을 만한 각종 공구와 재료를 몇 가지 소개한다.

망치, 펜치, 드라이버 같은 공구는 모르는 사람이 없지만, 그 밖에 수많은 공구가 있고 이름만 듣고는 떠올릴 수 없는 생소한 것들이 많다. 스

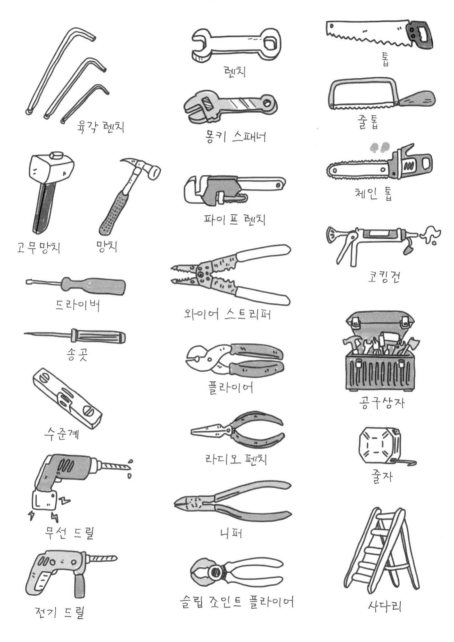

육각 렌치

렌치

톱

몽키 스패너

줄톱

고무망치　망치

파이프 렌치

체인 톱

드라이버

와이어 스트리퍼

코킹건

송곳

플라이어

공구상자

수준계

라디오 펜치

줄자

무선 드릴

니퍼

전기 드릴

슬립 조인트 플라이어

사다리

각종 공구들

207

패너는 한쪽이 열려 있어서 육각 볼트 같은 것을 조이거나 풀 때 쓰인다. 또 열린 정도를 조절할 수 있도록 만든 스패너를 몽키 스패너라고 한다. 렌치도 있는데, 렌치는 '비틀다'라는 의미로 스패너와 같은 공구다. 철사나 전선을 구부릴 때는 펜치를 쓰지만, 자를 때는 니퍼를 쓴다. 니퍼란 '꼬집다'라는 의미다. 그런가 하면 플라이어는 사람의 손아귀보다 단단히 잡을 수 있도록 해주는 공구다. 뜨거운 물건처럼 손으로 직접 잡기 어려울 때 사용한다.

드라이버는 기본적으로 십(+) 자와 일(-) 자가 있다는 것은 잘 알고 있을 것이다. 같은 모양이라도 크기가 작은 것부터 큰 것까지, 또 짧은 것부터 긴 것까지 다양하다. 세밀하게 조절할 경우나 큰 힘을 줘야 할 경우 등 필요에 따라 적합한 것을 쓴다. 뻔해 보이는 드라이버에도 각종 아이디어로 특허를 받은 것이 많은데, 끝에 조명을 달아 어두운 곳에서 나사 쪽을 비춘다거나 끝을 자석으로 만들어 드라이버 끝에 매달린 나사를 땅에 떨어뜨리지 않고 한 손으로 쉽게 작업할 수 있도록 한 것 등이 있다.

나사는 드라이버 이상으로 종류가 많다. 머리 모양, 끝 모양, 나사산 모양, 길이, 굵기 등에 따라서 세상에는 어마어마하게 많은 종류의 나사가 존재한다. 보통 나사 종류에 대한 상식이 없으면 "작은 나사 한 개 주세요"라는 식으로 철물점 아저씨에게 이야기하고, 아저씨는 어디에 쓸 것이냐고 물어보고는 용케도 '적당한' 나사를 찾아준다. 하지만 전문적으로 쓸 나사를 주문하려면 용도에 따라서 호칭을 정확하게 알아야 한다. 미국 대부분의 공대에는 실험 재료들을 구비해놓은 상점을 운영하면서 시중에서 구하기 어려운 부품이나 학생들이 자주 찾는 재료들을 제공한다. 이곳의 직원들은 교육적 차원에서 학생들에게 정확한 스펙을 요구한다. "작은

여러 종류의 나사와 볼트

종류	명칭	설명
	육각 볼트	끝이 뭉툭하고 머리가 육각인 나사로 기계 장비나 공사 현장에서 주로 사용된다. 나사산이 만들어진 구멍이나 너트와 체결되며 탭볼트라고도 한다.
	목공용 스크루	굵기가 비교적 가늘고 점진적으로 변화하여 나무에 사용하기 편리하다. 머리로는 십자 또는 일자가 있으며 나사산이 성긴 편이다.
	철판용 스크루	철판에 직접 사용할 수 있도록 끝이 뾰쪽하며 플라스틱 등과 같이 부드러운 재질에도 사용할 수 있다.
	기계용 스크루	나사산이 조밀하며 끝이 뭉툭하여 너트나 탭 구멍에 쓰인다. 기계 부품을 체결하는 데 사용하며 스토브 볼트라고도 한다.
	소켓 스크루	머리에 육각 구멍이 나 있어 육각 렌치를 써서 체결하며, 길이가 긴 것은 나사산이 일부만 매겨져 있는 것도 있다.
	래그 볼트	커다란 목공용 나사로 머리가 육각이다. 래그 스크루라고도 하며 대형 목공 공사와 조경 공사에 널리 사용된다.
	캐리지 볼트	머리가 둥글고 끝이 뭉툭하며 중간에 나사가 매겨져 있지 않은 부분이 있다. 나사를 돌리지 않고 밀어 넣어 설치할 수 있다.

나사 하나 주세요"라고 했다가는 대꾸도 하지 않는다. "길이 2인치, 굵기 1/8인치, 나사산 1/16피치, 60도 삼각 나사산, 십자형 둥근머리, 끝이 뾰족한 나사 주세요" 정도로는 말해야 비로소 "몇 개 드릴까요?"라고 응대한다.

기계 부품, 전자 부품, 화학 실험 용기

나사뿐 아니라 세상에는 많은 재료와 부속들이 있다. 기본적인 전자 부품과 기계 부품, 그리고 화학 실험 용기들 중 극히 일부를 도표로 정리하였다. 기계 부품에는 축이나 베어링과 같은 축용 기계 요소부터 각종 체결용 기계 요소, 관용·전동용·제어용 기계 요소 등 무수히 많다. 또 전자 부품에는 기본적으로 저항, 콘덴서, 인덕터가 있고 각종 트랜지스터와 마이크로 칩이 있으며 그 밖에도 각종 스위치, 다이오드, 센서, 전선, 단자, 디스플레이, 커넥터 등 종류만 해도 헤아릴 수 없을 만큼 많다. 실험에 사용되는 화학 용기로는 유리 비커부터 각종 플라스틱으로 만들어진 용기들과 도구들이 있다. 이들 각각에 대해서 상세한 것까지 알기는 어렵더라도 명칭이나 용어만이라도 알아두면 좋을 것이다.

기계장치에 사용되는 부품들

형상	설명	기계 요소
축 / 베어링	회전축과 관련된 기계 요소로 축, 베어링 등이 있다. 베어링에는 볼베어링과 슬라이딩 베어링 등이 있다.	축용 기계 요소
나사 너트 볼트 / 핀 / 키	물체를 결합하는 용도의 부품으로 볼트, 너트, 핀, 키 등이 있다. 키는 축이 헛돌지 않도록 끼워넣는 기계 요소다.	결합용 기계 요소
관이음 / 관 / 밸브	배관 또는 덕트 등에 쓰이는 기계 요소로 각종 엘보와 U관 등 관이음과 유량을 조절하는 밸브가 있다.	관용 기계 요소
기어 마찰차 링크 캠 / 벨트와 풀리 / 체인	회전 동력을 전달하는 장치로 기어, 벨트, 풀리, 마찰차 등이 있고 다양한 운동으로 변형시키는 링크나 캠 등이 있다.	전동용 기계 요소
스프링 / 브레이크	기계 운동을 조절하는 기계 요소로 충격을 흡수하는 스프링이나 운동을 정지시키는 브레이크 등이 있다.	제어용 기계 요소

전자회로에 사용되는 부품들

이름	기호	형상
콘덴서	⊣⊢ C	
	설명	커패시터 또는 축전지로도 불리며 직류전압에 대해서 전하를 저장하고 교류에서는 직류 성분을 차단한다.
저항	R	
	설명	전기의 흐름을 방해하면서 전류량을 제한한다.
인덕터	L	
	설명	리액터라고도 하며 코어를 감는 도체의 코일로 구성된다. 전류가 흐를 때 발생하는 자기장 형태로 에너지를 저장한다.

이름	기호	형상
다이오드	⊲⊢ VD	
	설명	진공관을 대체한 반도체 소자로 전류가 한쪽 방향으로 흐르도록 제어한다.
트랜지스터		
	설명	다리가 세 개인 반도체 소자로 신호를 증폭하거나 스위칭하는 역할을 한다.
마이크로 칩	▭ DA	
	설명	여러 독립된 요소를 하나의 칩에 집적한 것으로 회로 구성에 따라 다양한 기능을 한다.

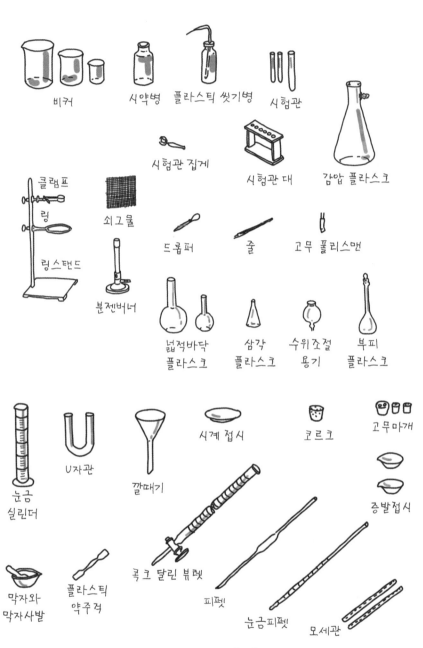

비커 시약병 플라스틱 씻기병 시험관

시험관 집게

시험관 대 감압 플라스크

클램프
링
링스탠드 쇠그물 드롭퍼 줄 고무 폴리스맨

분젠버너 넓적바닥 플라스크 삼각 플라스크 수위조절 용기 부피 플라스크

눈금 실린더 U자관 깔때기 시계 접시 코르크 고무마개

증발접시

막자와 막자사발 플라스틱 약주걱 콕크 달린 뷰렛 피펫 눈금피펫 모세관

화학 실험에 쓰이는 용기들

각종 플라스틱 재료

플라스틱은 다양한 실험 재료나 용기로 사용된다. 3D 프린터 소재부터 다양한 용기와 튜브 그리고 각종 커넥터에 이르기까지 광범위하게 쓰인다. 하지만 플라스틱이라고 다 같은 플라스틱이 아니다. 플라스틱이라고 통칭하지만 폴리에틸렌, 폴리프로필렌, 폴리스타이렌 등 재질이 다양하다. 폴리에틸렌테레프탈레이트는 약자로 PET라고 하며, 우리가 알고 있는 페트병의 원료다. 폴리염화비닐은 PVC라고 하는데, 흔히 공사 현장이나 철물점에 쌓여 있는 회색 플라스틱 파이프를 말한다. 주변에서 발견되는 각종 제품, 용기, 전깃줄 등을 관심 있게 지켜보면 알게 된다.

플라스틱은 종류와 용도에 따라서 다른 특징을 가지기 때문에 재활용할 때도 같은 종류끼리 모아야 한다. 구분하기 쉽도록 환경부에서는 종류별로 1부터 7까지 번호를 매겨놓고 있다. 예를 들어 페트병은 재질이 PET이지만 뚜껑은 HDPE라는 재질이라서, 재활용하려면 통과 뚜껑을 분리해야 한다. HDPE는 고밀도High Density 폴리에틸렌Poylethylene으로 가볍고 단단하며 열을 가하면 쉽게 모양이 변환되는 열가소성 성질을 갖는다. HDPE로 만든 반투명 우유 통이나 주스 통은 뚜껑과 같은 재질이기 때문에 분리하지 않아도 된다. 또 플라스틱 종류에 따라서 전자레인지에 사용하면 유해물질이 나오는 것들도 있으니 잘 살펴보고 사용해야 한다.

아는 만큼 보인다고, 관심 있게 살피다 보면 플라스틱을 구분하는 것이 어려운 일도 아니다. 우리나라 사람들이 꼭 알아야 할 것이 있으면 수능 문제로 내면 된다는 농담이 있다. 수능에 플라스틱 종류에 관한 문제가 하나 나오면 우리나라 플라스틱 재활용률이 많이 높아질 수도 있겠다.

플라스틱의 종류

코드	명칭	특징	용도	위험성
1 PETE	PET(PETE) 폴리에틸렌 테레프탈레 이트	투명하고 가볍다. 가장 많이 재활용되며 독성에 매우 안전하다. 재사용 할 때 세균이 번식할 가 능성이 높다.	생수병, 주 스나 이온음 료병 등	사용해도 좋음
2 HDPE	HDPE 고밀도 폴리에틸렌	화학성분을 배출하지 않 고 독성에 매우 안전하 다. 전자레인지에도 사 용할 수 있다.	우유병, 영유 아 장남감 등	사용해도 좋음
3 V	PVC 폴리비닐 클로라이드	평소에는 안정적이나 열 에 약해 소각할 때 독성 가스와 환경호르몬, 다 이옥신을 방출한다.	랩, 시트, 필 름, 고무대 야, 호스 등	사용하면 안 좋음
4 LDPE	LDPE 저밀도 폴리에틸렌	고밀도보다 덜 단단하고 투명하다. 보통 때는 안 전하지만, 재활용을 할 수 없어 가급적 사용하 지 않는 것이 좋다.	비닐봉투, 필 름, 포장재 등	사용해도 괜찮음
5 PP	PP 폴리프로 필렌	플라스틱 중 가장 가볍고 내구성이 강하다. 고온에 도 변형되거나 환경호르 몬을 배출하지 않는다.	밀폐용기, 도 시락, 컵 등	사용해도 좋음
6 PS	PS 폴리스티렌	성형이 용이하나 내열성 이 약해 가열하면 환경 호르몬과 발암물질을 배 출한다.	일회용 컵, 컵라면 용 기, 테이크 아웃 커피 뚜껑 등	사용하면 안 좋음
7 OTHER	PC (기타 모든) 폴리카보 네이트	가공하기 좋고 내충격성 이 강해 건축 외장재로 주로 쓰인다. 다만 환경 호르몬이 배출되므로 식 품용기로는 사용할 수 없다.	물통, 밀폐용 기, 건축 외 장재 등	사용하면 안 좋음

3
측정 표준과 기본 물리량

실험은 관찰과 측정으로 이루어진다. 관찰은 대상이나 물체를 주의 깊게 살펴보는 일이고, 측정은 관찰된 물리량을 수치화하는 일이다. 실험 초기 단계에는 관찰을 통해 정성적인 결과를 얻고, 본격적인 실험 단계에 들어서면 측정을 통해 정량적인 데이터를 얻는다. '정량적'이란 영어로 quantitative인데 '양'을 나타내는 quantity의 형용사이고, '정성적'은 qualitative로서 '질'을 나타내는 quality의 형용사다. 정량적인 것은 수치 등의 객관적인 데이터가 중심이고, 정성적인 것은 질적인 표현이나 주관적인 의견이 중심이다.

공학 전공에 따라서 수행하는 실험의 종류도 다양하고 측정하는 물리량도 가지각색이다. 기계공학에서는 엔진의 회전 속도와 토크(회전모멘트)

217

를 측정하고, 전자공학에서는 회로에 흐르는 전류와 전압을 측정한다. 재료공학에서는 합금의 성분을 분석하거나 재료의 강도를 측정하고, 화학공학에서는 화학 성분을 분석하고 반응 온도와 반응 시간을 측정한다.

측정이란 측정 대상을 정해진 기준과 비교하여 수치로 나타내는 작업이다. 따라서 기준이 되는 양이 필요하며, 이를 측정 표준standard이라고 한다. 시간, 길이, 질량, 온도, 전류, 물질량, 광도 등 기본적인 일곱 개의 기본 차원에 대해서 세계 공통의 표준이 정의되어 있다. 일곱 개의 표준만 있으면 속도, 압력, 열량, 전력량 등 세상에서 사용되는 모든 난위를 유도할 수 있다. 여기서는 기본 차원을 중심으로 공학 실험에서 자주 나오는 여러 가지 물리량과 단위에 관해서 살펴보려고 한다. 공학 실험은 물리량을 측정하여 숫자로 나타내는 일이고, 공학에서 다루는 모든 숫자는 단위를 가지고 있는 물리량이라는 사실을 잊으면 안 된다.

국제단위계

오늘날 우리가 주로 사용하는 국제단위계SI는 프랑스의 미터법에 근거하고 있다. 국제단위계는 세 가지 원칙에 기반한다.

첫째, 하나의 기본 차원에 대해서는 하나의 단위만을 사용한다. 따라서 길이는 미터m, 질량은 킬로그램kg, 시간은 초s, 전류는 암페어A, 온도는 켈빈K, 물질량은 몰mol, 광도는 칸델라cd를 쓴다. 영국의 야드-파운드법처럼 길이 단위로 인치, 피트, 야드, 마일 등을 쓰고, 무게 단위로 파운드, 온스 등 여러 개의 단위를 사용하는 것에 비하면 단순해서 좋다.

인자	접두어	기호
10^{12}	테라 tera	T
10^9	기가 giga	G
10^6	메가 mega	M
10^3	킬로 kilo	k
10^2	헥토 hecto	h
10^1	데카 deca	da
10^{-1}	데시 deci	d
10^{-2}	센티 centi	c
10^{-3}	밀리 milli	m
10^{-6}	마이크로 micro	μ
10^{-9}	나노 nano	n
10^{-12}	피코 pico	p

물론 국제단위계에도 예외가 없는 것은 아니다. 시간에 대해서는 '초' 말고도 '분'과 '시간'을 사용하는 것을 허용하고 있다.

둘째, 하나의 단위로 작은 값부터 큰 값까지 한꺼번에 표현하려면 불편하기 때문에 앞에 접두어를 붙여서 크고 작은 값을 구분한다. 예를 들어 큰 단위를 표현할 때 1,000배는 킬로^k, 100만 배는 메가^M, 10억 배는 기가^G 등을 쓰고, 작은 단위를 표현할 때 1,000분의 1은 밀리^m, 100만 분의 1은 마이크로$^\mu$, 10억 분의 1은 나노^n 등을 쓴다. 이렇게 하면 길이는 μm에서 km까지, 질량은 μg에서 kg에 이르기까지 하나의 단위로 넓은 범위를 모두 표기할 수 있다. 요즘에는 컴퓨터 메모리 덕분에 이전까지는 잘 쓰지 않던 메가, 기가, 테라 같은 접두어까지 많이 친숙해졌다.

그런데 1,000을 기준으로 한 접두어는 서양인들이 만든 것으로 동양인들에게는 다소 불편한 게 사실이다. 서양에서는 화폐 액수를 표시할 때도 세 자리마다 쉼표를 찍는다. 영어는 thousand(천), million(백만), billion(십억)과 같이 1,000을 기본으로 하는 단어를 가지고 있기 때문이다. 서양인들에게 1,234,567,890을 읽어보라고 하면 세 자리씩 끊어서 1billion, 234million, 567thousand, 890으로 쉽게 읽는다.

하지만 우리나라는 아래에서부터 자릿수를 따져 읽는다. 그리고 만, 억, 조와 같이 네 자리씩 끊어서 읽는 것이 훨씬 편하다. 만약 네 자리마다 쉼표를 넣으면 12,3456,7890와 같이 쓰고, 12억 3456만 7890으로 읽으면 되니 편리할 것이다.

서양식   1,234,567,890원 → 1십억 234백만 567천 890원
동양식   12,3456,7890원 → 12억 3456만 7890원

세 번째 원칙은 모든 단위는 십진법을 따른다는 것이다. 그런데 이 원칙에 있어서도 시간은 예외다. 프랑스혁명 직후 나폴레옹이 단위계를 통일하면서 시간까지 십진법을 따르도록 강제한 적이 있다. 그렇게 하여 하루를 10시간, 1시간을 100분, 그리고 1분을 100초로 규정했다. 이를 혁명시간이라고 했는데, 오랜 사회관습을 이기지 못하고 며칠 만에 폐기되고 말았다. 60진법 시간 단위에 익숙한 현대인들에게 십진법 시간 체계는 상상이 안 가지만, 과학 기술자들에게 십진법 시간 체계가 폐기된 것은 아쉬운 일이 아닐 수 없다. 십진법을 썼을 때 편리한 점은 단위를 바꾸더라도 123km=123,000m인 것처럼 3시간=300분=30,000초와 같이

유효숫자는 그대로 둔 채 소수점 위치만 이동하면 되는 점이다. 현재 우리가 쓰는 시간은 십진법이 아니기 때문에 시간이 들어간 단위에 대해서는 $123\,km/h = \dfrac{123,000\,m}{3,600\,s} = 34.17\,m/s$와 같이 시속과 분속 또는 초속을 오가면서 60이나 3,600을 곱하거나 나누어야 한다. 시간이 60진법에 근거하고 있기 때문에 생긴 번거로움이다. 만일 나폴레옹의 십진법 시간 체계가 성공했더라면 단위 환산이 다음과 같이 쉽게 이루어졌을 것이다. 여기서 혁명시간의 하루는 10HOUR, 1HOUR=100MIN, 1MIN=100SEC다.

$$123\,km/HOUR = 1.23\,km/MIN = 12.3\,m/SEC$$

오래전 국제적인 협약에 따라 단위계를 모두 국제단위계로 통일하기로 하였으나, 영미권에서는 아직도 영국단위계를 선호한다. 영국단위계는 국제단위계에 비하면 비과학적으로 보인다. 국제단위계의 미터가 지구의 자오선 길이를 기준으로 한 것과 달리 영국단위계의 피트feet는 헨리 왕의 발 크기를 기준으로 하였다. 또 같은 길이를 표현하는 데 피트 말고도 인치, 야드, 마일 등 여러 단위를 사용한다. 작은 길이에는 인치를, 마당 크기는 야드를, 먼 거리는 마일을 쓰는 등 그때그때 편리한 단위를 쓴다. 속편한 사람들이다. 우리에게는 번거로워 보이지만, 익숙한 그들에게는 별문제 없는 듯하다. 영국단위계로도 과학 기술 분야에 필요한 복잡한 단위를 모두 표현할 수 있기 때문에 그럴 법도 하다.

영국단위계는 이진법에 근거하고 있다고 볼 수 있다. 인치가 표시된 자를 보면 눈금이 열 개로 나누어져 있는 것이 아니라 두 개, 네 개, 여덟 개 눈금으로 되어 있다. 각각 $\dfrac{1}{2}$인치, $\dfrac{1}{4}$인치, $\dfrac{1}{8}$인치다. 측정한 길이를 1과

$\frac{3}{8}$인치라고 하지, 이를 십진법으로 바꾸어 1.375인치라고 하지 않는다. 부피의 경우 두 배마다 다른 단위를 사용한다. 기름의 양을 나타낼 때 많이 쓰는 1갤런(3.785리터)을 기준으로 $\frac{1}{2}$은 하프갤런, $\frac{1}{4}$은 쿼트, 쿼트의 $\frac{1}{2}$은 파인트, 파인트의 $\frac{1}{16}$은 온즈다. 위로는 갤런의 여덟 배를 부셸, 부셸의 네 배를 배럴이라고 한다. 영국 사람들은 손가락 개수(열 개)에 근거해 10등분으로 나누지 않고, 절반씩 나누어가는 사람들의 직관에 근거했다고 볼 수 있다. 어찌 보면 오늘날의 2진법에 근거한 디지털 개념과도 일맥상통하는 측면이 있다.

길이 관련 물리량과 단위

길이length는 가장 기본적인 물리량으로 제품이나 건축물 등 모든 공학 설계의 기본이다. 물체의 크기, 길이, 폭, 두 지점 사이의 거리 등은 모두 길이의 차원을 갖는다. 뿐만 아니라 일상생활에서도 사람의 키를 재거나 책상의 크기, 거리, 산의 높이를 재는 등 매우 친숙한 물리량이다. 공학에서 다루는 길이는 전공에 따라 다른 스케일을 갖는다. 정밀한 집적회로를 다루는 전자공학에서는 나노미터 단위가 사용되지만, 거대한 교량이나 도로를 다루는 토목공학에서는 킬로미터 단위가 사용된다.

길이의 기본 단위인 미터는 당초 지구의 크기를 기준으로 하여 북극에서 적도까지 자오선 길이의 1,000만 분의 1로 정한 것이다. 하지만 이후 미터의 정의를 바꾸어 현재는 빛이 진공 중에서 299,792,458분의 1초 동안 진행한 거리로 정의하고 있다.

초기 인류는 사물의 크기를 재기 위해 손가락이나 한 뼘의 길이, 또는 특정한 막대기 등을 사용했으나, 오늘날은 줄자나 막대자로 길이를 잰다. 좀 더 정밀한 측정을 위해서는 마이크로미터나 버니어 캘리퍼스를 사용하기도 한다.

공사현장을 지나다가 현장의 기술자들이 삼각대를 놓고 무언가 열심히 들여다보고 기록하는 모습을 본 적이 있을 것이다. 이들은 거리를 재고 있는 것이다. 토목 엔지니어는 삼각법을 써서 토지의 거리와 넓이를 측정한다. 삼각함수 원리나 닮은꼴 법칙을 이용하여 간접적으로 거리나 높이를 측정하는 방법은 고전적이지만 지금도 많이 쓰인다.

도시와 도시, 나라와 나라 사이와 같이 먼 거리에 대해서는 빛이 반사되어 돌아오는 시간을 측정하는 방법을 사용한다. 현대에 들어서 개발된 거리측정 방법인 GPS^{global positioning system}는 핸드폰이나 자동차에도 적용되는 친숙한 기술이다. 지구를 공전하는 인공위성에서 쏜 무선신호를 기지국에서 해석해 정확한 거리와 위치를 측정한다.

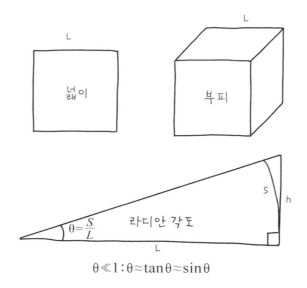

$$\theta \ll 1 : \theta \approx \tan\theta \approx \sin\theta$$

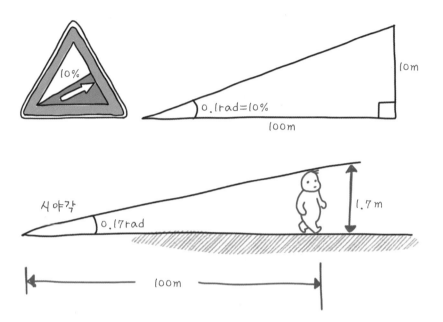

넓이의 단위는 길이 단위의 제곱이고, 부피는 길이의 세제곱이다. 각도 역시 길이에서 유도된다. 거리 대비 원호 길이의 비율이 라디안 각도다. 따라서 각도의 단위는 '길이÷길이'에서 무차원이다. 1라디안은 반지름과 원호의 길이가 같을 때 그 원호를 바라보는 각도를 말하며 60도(엄밀하게는 360/2π=57.3도) 정도다. 공대생들은 한 바퀴를 360도라 하지 않고 2파이라 고 하고, 8등분한 피자 한 조각을 45도라 하지 않고 4분의 1파이라 한다.

라디안은 특히 작은 각도를 나타낼 때 편리하다. 애초에 반지름과 원 호와의 관계인 각도 θ는 sinθ와 근사한 양이기 때문이다. 특히 작은 각도 에 대해서는 같다고 생각해도 된다. 예를 들어 경사도가 10도로 주어진 경사면을 따라 100미터 올라갔을 때 고도가 얼마나 높아졌는지 알아내려 면 계산기를 두드려야 한다. 하지만 경사도가 0.1라디안(10퍼센트 기울기)으로 주어진 경우에는 100미터 올라가면 고도가 $100 \times 0.1 = 10$미터 높아진다는 것을 금세 알 수 있다. 실제 도로에서 사용하는 퍼센트 기울기와 라디안 기울기는 거의 같다고 할 수 있다. 이런 방식으로 100미터 앞에 있는 사람의 키가 1.7미터라면 보이는 시야각은 $\frac{1.7}{100} = 0.017$라디안이라는 것도 계산기 없이 알 수 있다.

시간 관련 물리량과 단위

시간time 역시 가장 중요한 기본 차원 중 하나다. 시간당 이동한 거리(속도), 시간당 회전 각도(각속도), 시간당 유체의 흐름량 등과 같이 시간을 기준으로 측정되는 물리량들이 많다. 일정한 시간 간격으로 반복되는 것들은 모두 시간의 표준 척도로 사용될 수 있다. 일정한 주기로 흔들리는 진자, 고유한 주파수를 갖는 진동 격자, 규칙적인 해나 별의 움직임 등이 그렇다. 옛날부터 시간과 달력을 관리하는 일은 왕의 고유한 업무 중 하나였다. 세종대왕은 해시계와 물시계를 만들어 시간을 측정했다. 이때 만들어진 앙부일구는 서양의 해시계와 달리 움푹 파인 것이 특징으로, 그림자 방향으로 시간을 재고 그림자 길이로 절기를 알 수 있는 시계-달력 하이브리드 기능의 첨단 측정 장비였다.

'하루'의 길이는 지구 어느 곳에서나 훌륭한 시간 표준이 된다. 태양이 남중한 시간에서 시작해서 다음 날 다시 남중할 때까지의 시간, 즉 태양일solar day을 말한다. 하지만 엄밀히 따지면 태양일의 길이는 태양과 지구의 거리, 즉 계절에 따라서 조금씩 달라진다. 따라서 1년 동안 태양일을 평균한 '평균태양일'을 써야 한다. 1초는 평균태양일을 86,400으로 나눈 시간으로 정의했다. 하지만 불변이라 믿었던 지구의 자전 속도가 바뀌고, 공전궤도도 미세하게 바뀌면서 1초의 길이도 달라질 수 있다. 현재는 지구의 자전 속도에 의존하지 않고 진동주기가 일정한 세슘−133 원자를 써서 1초를 정의하고 있다. 새로 정의한 1초는 지구의 운동과 완벽하게 들어맞지 않기 때문에 이따금 윤초라는 것을 넣어서 지구의 자전 속도와 맞추고 있다. 이런 보정 작업을 해주지 않으면 몇 백 년 후에는 정오에 해가 정남향으로부터 벗어나 있을 수도 있다.

시간은 왕복 주기, 경과 시간과 같이 있는 그대로 시간 차원으로 쓰이기도 하고, 역수를 취하여 시간당 횟수를 나타내는 개념으로 쓰이기도 한다. 시간당 횟수를 나타내는 헤르츠는 왕복운동이나 신호의 빠르기를 나타낸다. 원형 운동에서 한 바퀴 도는 시간을 주기period라 하고, 주기의 역수를 주파수frequency라고 한다. 주파수의 단위는 헤르츠Hz다. 또 1회전 각도가 2π 라디안이므로 주파수 f에 2π를 곱한 것을 각속도 오메가w라 한다. 각 속도의 단위는 rad/s다.

주파수 $\qquad f = \dfrac{1}{T}$

각속도 $\qquad \omega = 2\pi f$

질량 관련 물리량과 단위

질량mass의 기준 단위인 킬로그램은 원래 한 변이 10센티미터인 정육면체에 들어 있는 물의 질량을 기준으로 만들어졌다. 하지만 온도와 압력에 따라서 물의 밀도가 달라지기 때문에 국제킬로그램원기라는 것을 만들어 만국 공통의 표준으로 사용해왔다. 이름이 거창하기는 하지만, 백금과 이리듐 합금으로 만들어진 지름 39밀리미터의 작은 쇳덩어리에 불과하다. 백금과 이리듐 합금으로 만들어진 이유는 이 합금이 잘 변하지 않고 안정적이기 때문이다. 최근까지 이 쇳덩어리는 프랑스 파리 교외에 있는 국제도량형국International Bureau of Standards 항온항습실에 신주 단지처럼 모셔져 있다. 무슨 사고라도 생기면 킬로그램의 정의가 지구상에서 완전히 사라지는 셈이기 때문이다. 하지만 아무리 안정적인 합금이라도 세월이 흐르면 표면에 미세한 변화가 생기게 마련이다. 학자들은 실물을 대체할 새로운 킬로그램을 정의하기 위해 오랫동안 연구해왔다.

아주 최근(2019년)에 이르러서야 비로소 플랑크 상수에 근거한 새로운 킬로그램의 정의가 만들어졌다. 이로써 국제킬로그램원기는 영원히 역사 속으로 사라지게 되었다. 플랑크 상수는 일상에서는 그다지 접할 일이 없는 상수다. 양자역학에서 말하는 에너지의 최소 단위인 양자와 관련된 기

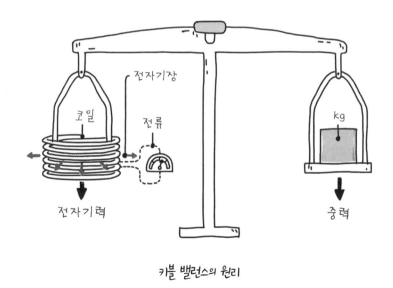

키블 밸런스의 원리

227

본 상수로서 $6.62607 \times 10^{-34}\,\mathrm{kg \cdot m^2/s}$라는 아주 작고, 우주 불변의 값을 갖는다. 플랑크 상수의 측정에는 키블 밸런스Kibble balance라는 와트저울이 이용된다. 저울 한쪽은 기계적인 일률, 반대쪽은 전기적인 일률이 같은 상태를 만들어 플랑크 상수 값을 측정한다. 플랑크 상수로부터 질량을 정의한다는 것은 거꾸로 키블 밸런스에서 기계적인 일률(질량에 비례)과 같아지도록 전압을 조절하여 플랑크 상수가 나올 때의 전기적인 일률로부터 킬로그램을 구하는 방식이라고 할 수 있다.

질량에서 유도되는 물리량으로는 밀도, 비체적, 비중 등이 있다. 밀도는 단위 부피당 질량을 의미한다. 또 밀도의 역수, 즉 단위 질량당 부피를 비체적이라 한다. '비specific'라는 말은 '단위당' 어떤 양을 말하는 것으로 비열은 단위 질량의 물질 온도를 섭씨 1도 높이는 데 필요한 열에너지, 비중은 물의 밀도를 기준으로 한 물질의 밀도 비율이다. '비' 개념은 크기 성질을 세기 성질로 바꿔 다른 물질과 상대적으로 비교하기가 편리하다.

밀도 $\qquad \rho = \dfrac{m}{V}$

비체적 $\qquad v = \dfrac{V}{m}$

힘 관련 물리량과 단위

힘force은 뉴턴의 법칙이 설명하듯 질량과 가속도를 곱한 차원을 갖는다. 지구에서는 항상 중력을 받고 있기 때문에 중량과 질량을 구분 없이 사용하곤 하지만, 엄연히 차원이 다른 물리량이다. 질량의 차원은 [M],

중량의 차원은 [M][L/T²]이며, 질량을 나타내는 단위는 kg, 중량을 나타내는 단위는 kg중으로 구별한다. 국제단위계에서는 질량을 kg, 힘을 N(뉴턴)으로 확실하게 구분하고 있다.

힘을 측정하는 방법으로 주로 탄성력을 이용한다. 스프링의 늘어난 정도를 보고 힘의 크기를 측정하는 것이다. 탄성력을 이용한다고 해서 꼭 코일 형태의 스프링만 사용하는 것은 아니다. 사각 막대, 외팔보, 얇은 판 형태 등 다양한 형태를 갖는다. 어떠한 모양이나 재질이든 원래의 상태로 돌아오려는 성질인 탄성을 가진 스프링을 이용한다. 후크의 법칙 $F=kx$에 따르면 늘어난 길이는 작용한 힘에 비례하므로 늘어난 길이를 측정해서 힘을 측정한다. 이때 비례상수 k를 스프링 상수라고 한다.

스트레인 게이지strain gauge는 얇은 박막에 가는 도선을 부착하여 변형률을 측정하는 센서다. 단위 면적당 작용하는 힘, 응력을 받아 도선 길이가 늘어나면 전기저항이 증가하므로 전기저항의 변화를 측정하면 변형률과 응력을 측정할 수 있다. 스트레인 게이지를 물체 표면에 부착하여 변형 정도를 측정하고 아울러 이때 작용하는 힘이나 압력을 측정한다.

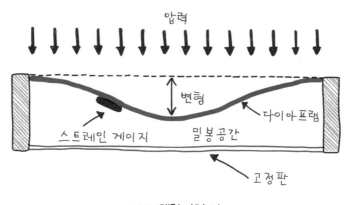

다이아프램형 압력 센서

힘에서 유도되는 단위로는 압력, 응력, 토크 등이 있다. 단위 면적당 작용하는 힘을 통상적으로 응력이라 하며, 여기서 수직으로 작용하는 힘을 압력이라고 한다. 응력 중에서 잡아당기는 힘을 인장응력tensile stress, 누르는 힘을 압축응력compressive stress이라 한다. 또 수직 방향이 아니라 면을 따라 옆으로 나란한 방향으로 작용하는 응력을 전단응력shear stress이라 한다. 전단응력도 압력과 방향만 다를 뿐 힘을 면적으로 나눈 값이므로 압력과 같은 단위를 갖는다.

그런가 하면 힘에 팔길이를 곱한 것을 회전모멘트moment 또는 토크torque라고 한다. 우리말로는 돌림힘이라 한다. 벡터적으로 표현하면 돌림힘 벡터($\vec{T}$)는 힘 벡터($\vec{F}$)에 팔길이 벡터($\vec{L}$)를 외적(×)한 값이라고 할 수

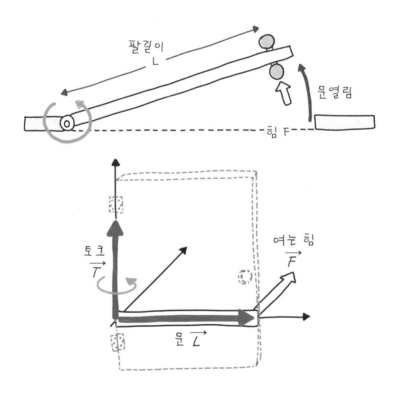

있다. 그림처럼 문을 열 때 팔길이를 크게 하면 작은 힘으로도 문을 열 수 있다. 또 렌치로 나사를 조일 때 팔길이를 크게 하면 큰 돌림힘으로 조일 수 있다. 야구 방망이를 양쪽에서 잡고 돌리기 싸움을 하면 굵은 쪽 방망이를 잡은 사람이 항상 이긴다.

돌림힘 $\qquad \vec{T} = \vec{L} \times \vec{F}$

온도 관련 물리량과 단위

옛날 사람들은 춥거나 더운 정도, 즉 온도를 나타내기 위해 0부터 100까지의 척도를 사용했다. 가장 더울 때를 100도, 가장 추울 때를 0도로 정의한 것이 화씨온도$^{\circ}F$ 다. 이에 비해 섭씨온도$^{\circ}C$는 물이 끓는 온도를 100도, 어는 온도를 0도로 정하였으니 보다 과학적으로 보인다. 그러나 엄밀하게는 얼음이 녹는점과 물이 끓는점은 압력에 따라서 달라지므로 섭씨도 절대적인 온도 기준은 되지 못한다.

켈빈Kelvin 경으로 잘 알려진 윌리엄 톰슨William Thomson은 체감에 따라 달라지는 주관적인 온도가 아니라 과학적이고 객관적인 열역학적 온도를 제시하려 했다. 그는 이상기체방정식에서 온도가 올라가면 압력이 높아지고 부피가 증가하는 것에 주목했다. 방정식에서 압력P과 부피V를 곱한 값이 증가하는 이유는 분자의 활동이 활발해지기 때문이다. 이 식에서 아이디어를 얻은 켈빈은 분자의 활동성 정도에 따라 정해지는 압력과 부피의 곱에 비례하는 값으로 온도를 정의했다. 이렇게 정의된 온도가 바로 절대온도 T로, 단위는 켈빈K이다.

절대온도에서 0도는 분자의 활동이 완전히 정지된 상태고 절대온도가 올라갈수록 이에 비례해서 분자의 활동이 활발해진다. 절대온도는 압력과 부피의 곱 PV에 비례하므로 온도가 100K에서 200K으로 두 배가 되면 분자의 활동도가 두 배가 되어 압력이 두 배가 되거나 부피가 두 배가 된 다. 이에 비해 섭씨온도나 화씨온도에서는 이러한 비례 관계가 성립하지 않는다. 분자의 활동도와 같은 물리적 기준이 아 니라 임의의 기준에 근거한 온도 체계이기 때문 이다. 다시 말해 섭씨 20도가 섭씨 10도에 비해 두 배 뜨겁다거나 섭씨 1도에 비해 스무 배 뜨겁 다는 말은 성립되지 않는다.

르네상스 초기에는 공기의 부피 변화를 이용 하는 기체온도계를 써서 온도를 측정했다. 로마 다빈치 과학박물관에서는 갈릴레오 온도계 등 재미있는 기체 온도계들을 찾아볼 수 있다. 밀봉 된 유리 용기 속 공기의 부피가 변화함에 따라 수면의 높이가 변화하는 온도계도 있고, 물에 떠 있는 작은 유리구슬이 부력의 변화에 따라 위아 래로 오르내리는 온도계 등 신기한 온도계가 많 다. 모두 압력이 일정한 상태에서 온도 변화에 따른 공기의 부피 변화를 이용한 것들이다.

우리가 흔히 사용하는 유리 막대 온도계는 알 코올이나 수은의 열팽창을 이용한다. 원래 온도 에 따른 액체의 열팽창은 미미하지만, 가느다란

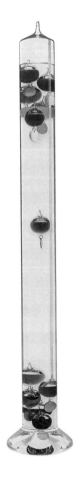

갈릴레오 기체온도계

232

관을 써서 작은 부피 변화에도 액체 기둥의 높이가 크게 변화하도록 만든 것이다. 온도 측정의 원리는 온도계가 접촉하고 있는 측정 대상과 열평형 상태에 도달하여 동일한 온도를 갖게 된다는 열역학 제0법칙에서 기인한다. 이는 접촉을 전제로 한 온도 측정 방식이지만 비접촉 상태에서 원격으로 온도를 측정하는 방법도 있다. 쇠를 녹이는 용광로는 섭씨 1,500도 이상의 고온이기 때문에 직접 접촉해서 온도를 잴 수가 없다. 이런 경우 비접촉식인 적외선 온도계나 광고온계를 활용한다.

광고온계는 온도에 따라서 물체에서 발생하는 전자기파의 파장이 달라지는 원리를 이용하여 온도를 측정한다. 빈Wien의 법칙에 따르면 절대온도가 올라갈수록 빛이라는 전자기파가 내뿜는 파장은 짧아지고, 파장에 따라 색깔이 달라진다. 우리는 붉은색 별보다 파장이 짧은 푸른색 별이 온도가 더 높다는 사실을 알고 있다. 태양의 온도는 6,000K 정도로 가시 광선, 그중에서 노란색 파장대에서 최대의 복사에너지를 방출한다. 이보다 낮은 상온에서는 파장이 긴 적외선 전자기파가 방출된다. 방출되는 적외선을 측정하는 적외선 온도계는 음식의 온도나 인체의 발열 상태를 측

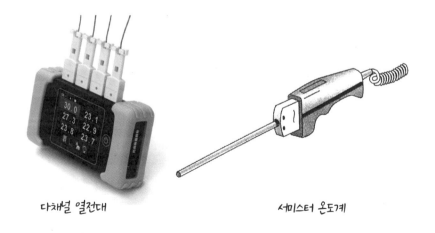

다채널 열전대   서미스터 온도계

정하는 데 널리 사용되고 있다. 코로나 바이러스가 유행하면서 이제 어디서나 쉽게 볼 수 있게 되었다. 같은 원리로 적외선 화상 카메라는 한 점이 아니라 전체 표면에 대한 적외선 방사율을 측정하여 화면상에 컬러 이미지 형태의 온도 분포를 보여준다.

공학 실험에서 주로 사용하는 온도계는 열전대와 저항온도계다. 열전대는 두 가닥의 다른 금속선으로 이루어져 있으며 온도차에 따라 미세한 기전력을 만들어내는 제벡^{Seebeck} 효과를 이용한 온도계다. 센서 자체의 가격이 저렴하고 데이터 로거라는 데이터 획득장치 여러 개를 접속시켜 여러 지점의 온도를 동시에 연속적으로 측정할 수 있다. 서미스터와 RTD는 온도 변화에 따라 물질의 전기저항이 변화하는 특성을 이용한 온도계로서 실험실뿐만 아니라 가정용 오븐이나 냉장고 등에서 널리 쓰인다.

전류 관련 물리량과 단위

암페어는 전류^{current}의 측정 단위다. 전류는 시간당 흘러가는 전하량을 말하며, 전하량은 전자가 가지고 있는 전기량을 말한다. 전하의 단위는 쿨롱^{C}으로 1쿨롱은 6.25×10^{18}개의 전자가 가지고 있는 전하량이다. 전류는 초당 흐르는 전하량으로 암페어^{A}라는 단위를 쓴다. 즉 1A=1C/s이다. 전하량이 많다는 것과 전류가 많이 흐른다는 것은 서로 다른 이야기다. 마치 물통에 물이 많다는 것과 관을 따라 물이 빠르게 흐른다는 것의 차이와 같다.

또한 1볼트^{V}는 1암페어의 전류가 흐를 때 소모되는 전력 에너지가 1와트일 때 두 점 사이의 전압(전위차)으로 정의된다. 여기서 중요한 것은 전기에서 기본 차원은 전류이며 전류에서 전압이 유도된다는 사실이다. 저항을 나타내는 1옴Ω은 1암페어의 전류가 흐를 때 1볼트의 전위차를 나타내는 전기저항으로 정의된다. 이를 보면 암페어가 기본 단위로 먼저 정의된 다음 에너지 단위인 와트를 써서 볼트가 정의되고, 정의된 볼트를 써서 옴이 정의된 것을 알 수 있다.

저항은 전류가 흐르는 것을 방해하는 정도를 나타내고, 전도율은 저항의 역수로서 전류가 잘 흐르는 정도를 나타낸다. 저항의 단위는 옴ohm이고 전도율의 단위는 모mho다. 영어 ohm의 철자를 거꾸로 써서 mho로 부르는 발상이 흥미롭다. '옴'의 단위 기호는 그리스 문자인 오메가 Ω인데, '모'는 오메가를 아래위로 뒤집어서 세상에 없던 ℧라는 기호를 쓴다. 역시 기발하다. 전기 엔지니어들의 장난기 섞인 창의적인 발상이라 할 수 있다.

멀티미터(또는 멀티테스터)는 전기기사들이 늘 손에 들고 다니는 측정 장비로 전압, 전류, 저항 등을 측정한다. 가격이 그렇게 비싸지 않기 때문에 집에 하나씩 가지고 있는 것도 나쁘지 않다. 집 안에서 전선이 끊긴 곳을

아날로그 멀티미터

디지털 멀티미터

찾거나 다 쓴 배터리를 찾아낼 때 요긴하게 사용할 수 있다. 예전에 많이 사용하던 아날로그 멀티미터는 전류가 흐르면 코일 주위에 자장이 발생하고 이에 따라 바늘이 회전하는 검류계를 이용했다. 지금은 대부분 디지털 멀티미터를 사용하는데, 바늘 대신 디지털 수치로 측정 결과를 보여준다. 멀티미터는 내부 저항에 나타나는 전압을 AD^{analogue-digital} 컨버터로 디지털로 변환하여 액정에 표시해준다.

전력량은 전압과 전류의 곱이며, 단위는 와트^W다. 전압과 전류를 따로 측정한 다음 둘을 곱해서 구할 수도 있고, 전력량계를 써서 직접 측정할 수도 있다. 전력량은 역학적 측면에서 볼 때 시간당 에너지, 즉 일률에 해당한다. 여기서 공대생이라면 적어도 '힘'과 '일', 또 '일'과 '일률'을 구별할 줄 알아야 한다. 일은 힘을 준 상태에서 이동한 거리를 곱한 값이다. 벽을 '힘'껏 밀고 있다고 해도 벽이 움직이지 않는 한, '일'을 한 것은 아니다. 또 무거운 것을 들고 가만히 서 있기만 하면 '힘'은 들지만, '일'을 한 것은 아니다. 수직 방향으로 들어올려야 비로소 일을 한 것이다. 일률이란 시간당 수행한 일을 말하며, 힘에 시간당 이동한 거리, 즉 속도를 곱해서 구한다. 혼동하는 경우가 많은데, 일률은 에너지를 의미하는 것이 아니라 단위 시간당 발휘하는 에너지, 즉 파워를 의미한다.

연약하지만 꾸준한 사람은 오랫동안 계속해서 많은 일(에너지)을 할 수 있지만, 폭발력을 기대하기 어렵다. 반면 근육질인 사람은 오래 지속하지 못할지 모르지만, 단기간에 큰 출력(파워)을 낼 수 있다. 즉 에너지(일)와 파워(일률)는 다르다는 얘기다. 일률의 단위는 와트며 전통적으로 마력이란 단위도 흔히 쓴다. 1마력은 1초 동안 75킬로그램을 1미터씩 들어 올리는 정도의 일률에 해당한다.

4
데이터의 분석

　실험을 통해서 길이, 시간, 힘, 전력 등 다양한 물리량을 측정하는데 측정된 데이터에는 항상 오차가 포함되어 있다. 측정값에 포함된 오차 범위를 추정하고 오차를 줄이는 것은 공학 실험에서 매우 중요하다. 공학자들은 조금이라도 더 정확한 데이터를 얻기 위해 센서를 교정하고 정밀한 계측 장비를 이용하는 등 부단한 노력을 기울인다. 측정의 품질은 측정값에 포함된 오차의 크기에 따라 결정된다고 할 수 있다. 측정된 데이터를 처리하여 실험 결과를 도출하는 과정에서 통계 분석, 상관 분석 등 다양한 데이터 분석 방법을 쓴다. 이러한 분석 과정 역시 데이터에 포함된 오차를 감안하여 더욱 정확하고 유용한 실험 결과를 얻기 위해서다.

오차와 불확도

측정은 참값을 구하기 위한 과정이다. 측정하는 것은 그리 어렵지 않으나 정확하게 측정하는 것은 매우 어려운 일이다. 오차는 측정값과 참값과의 차이를 말한다. 하지만 참값은 영원히 알 수 없는 값이므로 오차 또한 영원히 알 수 없다. 측정값으로 참값을 추정만 할 뿐이다. 그런 의미에서 오차 대신 추정된 오차라는 의미로 '불확도'라는 말을 종종 쓴다. 하지만 오차와 불확도를 구별하지 않고 혼용해서 쓰는 경우가 많다.

$$오차 = |참값 - 측정값|$$

실험 결과를 표기할 때 측정값에는 항상 오차가 내포되어 있다는 사실을 염두에 두고 반드시 오차의 범위, 즉 불확도를 함께 표기해야 한다. 수학 문제에 나오는 숫자는 무슨 값이든 가질 수 있는 관념 속의 수이지만, 실험에서 측정된 값은 오차가 포함되어 있는 실제 물리량이다. 따라서 숫자를 표기할 때 오차를 고려하여 적정한 개수의 유효숫자로 나타낸다. 같은 값이라도 유효숫자 개수에 따라서 측정 품질이 달라진다. 예를 들어 12밀리미터와 12.0밀리미터는 값은 같아도 의미는 다르다. 12밀리미터라 하면 12 ± 0.5, 즉 11.5에서 12.5 사이에 참값이 있다는 뜻이다. 하지만 한 자리 더해서 12.0밀리미터까지 재려면 ± 0.05의 불확도를 가져야 하고, 참값은 11.95에서 12.05 사이에 있으므로 더 정밀한 측정 도구가 필요하다.

오차의 원인에는 이유를 알 수 없이 무작위적으로 나타나는 우연 오차random error와 계측기가 제대로 보정되지 않아 특정한 방향으로 치우쳐 나타나는 계통 오차systematic error가 있다. 우연 오차는 무작위적이라 어떤 때는 크게, 또 어떤 때는 작게 측정된다. 알지 못하는 원인에 의해서 우연히 생기는 오차이므로 측정값이 중심으로부터 위아래로 퍼져서 나타난다. 반면 계통 오차는 한쪽으로 치우쳐서 측정된다. 어느 목욕탕 저울은 항상 1킬로그램 정도 더 무겁게 측정되는 경우를 예로 들 수 있다. 교정이 제대로 되어 있지 않기 때문이다.

사격을 하고 과녁의 총알 자국을 보면서 두 오차를 비교해볼 수 있다. 과녁의 중심을 참값이라 할 때 탄착점이 여기저기 흩어져 있으면 우연 오차가 큰 것이고, 영점 조정이 되지 않아 한쪽으로 몰려 있으면 계통 오차가 크다고 말할 수 있다.

오차 분석

측정값 하나하나에 오차가 포함되기 때문에 최종적인 실험 결과에도 오차가 포함되어 있을 수밖에 없다. 오차 분석이란 개별적인 측정값으로

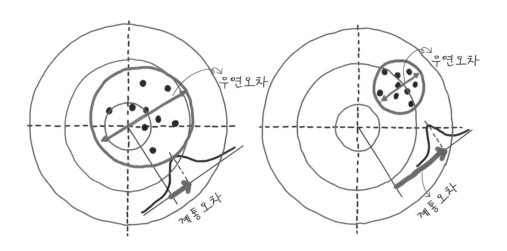

부터 최종 결과의 오차 범위를 추정하는 일이다. 오차는 측정 결과의 신뢰도를 나타내는 것이므로 실험 결과를 보고할 때 반드시 함께 보고해야 한다.

우선 개별 측정값에 대해서는, 보통 계측기의 마지막 자리Least Significant Bit, LSB의 절반을 불확도로 잡는다. LSB란 계측기의 최소 단위를 말한다. 줄자에 밀리미터 눈금이 매겨져 있다면 이 최소 단위의 절반인 ±0.5밀리미터를 불확도로 잡는 것이다. 이렇게 측정된 각 물리량이 가지는 불확도는 최종 결과의 오차에 영향을 미친다. 이를 오차의 전파라 한다. 사각형의 넓이를 구하려면 가로세로 길이를 측정하는데, 가로세로 길이에 포함된 오차가 전파되어 결과적으로 넓이의 오차로 나타난다. 좀 더 복잡한 사례로 엔진의 효율 측정 실험을 생각해보자. 엔진의 효율을 직접 측정하는 계측기가 따로 있는 것이 아니기 때문에 엔진의 회전수와 출력, 그리고 소모된 연료량 등 여러 물리량을 측정한 다음 이로부터 효율을 계산해야 한다. 측정 변수가 많으면 각각이 가지는 불확도가 누적되므로 최종 결과의 불확도가 상당히 커질 수 있다. 실험 결과로 엔진 효율이 똑같이 35퍼센트가 나왔다 하더라도 '35%±3%'라는 것과 '35%±30%'라는 것은 결과의 품질 면에서 하늘과 땅만큼이나 차이가 크다.

통계 분석

측정값의 오차를 줄이려면 한 번 재는 것보다 여러 번 재서 평균을 구하는 것이 좋다. 특히 변동이 심한 경우는 더욱 그렇다. 막대의 길이를 여러 번 잰다고 측정할 때마다 값이 크게 달라지지 않겠지만, 기온과 같은 요소는 측정 위치나 측정 시간에 따라서 측정값이 크게 달라질 수 있다.

측정값의 통계 분석은 평균값 μ과 표준편차 σ를 이용한다. 여러 차례 측정한 값은 종 모양의 정규분포를 보인다. 정규분포의 중심에 위치한 값이 평균값, 정규분포가 옆으로 넓게 퍼져 있는 정도가 표준편차다.

x축은 측정값, y축은 확률밀도함수를 나타낸다. 측정값의 범위에 걸쳐서 적분한 곡선 아래 면적은 확률을 의미한다. 표준편차는 보통 σ(시그마)로 표시한다. 측정값이 평균값을 중심으로 $\pm 1\sigma$ 사이에 있을 확률은 68퍼센트, $\pm 2\sigma$ 사이에 있을 확률은 95퍼센트, $\pm 3\sigma$ 사이에 있을 확률은 99.7퍼센트다. 통상적으로 오차의 범위는 2σ의 95퍼센트 신뢰 수준에서 표시한다. 신뢰 수준 95퍼센트에서 측정값이 60 ± 5밀리미터라고 하는 것은 참값이 55밀리미터에서 65밀리미터 사이에 들어 있을 확률이 95퍼센트라는 말이다. 즉 20번을 측정한다면, 19번의 측정값은 이 범위에 들어

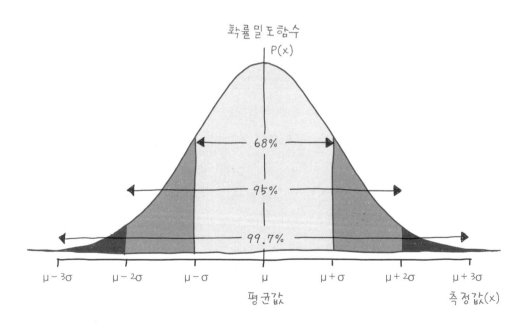

가고 한 개 정도가 벗어난다고 볼 수 있다. 여론 조사에 의한 통계 결과를 발표할 때도 보통 95퍼센트의 신뢰 수준을 얘기한다.

그래프 분석

측정 데이터들을 숫자로 나열하는 것보다 그래프로 표현하는 것이 한눈에 알아보기 편하다. 특히 공학을 한다면 그래프를 자유자재로 그리고 읽을 줄 알아야 한다. 공학 그래프도 초등학교 때부터 뵈온 그래프처럼 보통 x축에는 입력에 해당하는 독립변수를, y축에는 결과에 해당하는 종속변수를 표시한다. 다만 실제 측정한 데이터들을 표시하는 만큼 x, y 데이터에 모두 오차가 포함되어 있으므로 이를 그린 그래프에 상하좌우로 오차의 범위를 표시하는 오차 막대를 그려 넣기도 한다.

아래는 시간 변화에 따른 속도의 변화를 그린 그래프다. 그래프는 고공에서 스카이다이빙을 하면서 일정 시간 간격으로 측정된 낙하 속도의

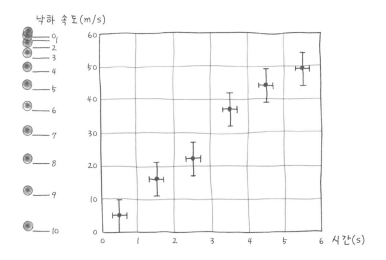

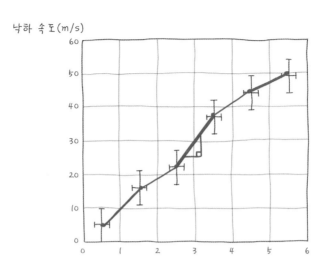

스카이 다이버의 속도 데이터를 그대로 연결한 그래프

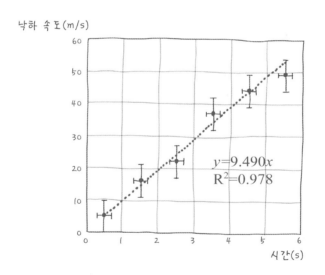

스카이 다이버의 낙하 속도 데이터들을 직선 맞춤한 그래프

변화를 나타낸다. 각 데이터는 시간 측정상의 오차와 속도 측정상의 오차 막대를 포함하고 있어서, 점이 아니라 마치 십자가처럼 보인다.

자유낙하 실험 결과로부터 지구의 중력가속도를 구하려면 이 그래프에서 속도 변화율, 즉 기울기를 구해야 한다. 하나하나의 데이터를 따라가면 오차 때문에 시간별 기울기가 들쭉날쭉해지기 때문에 데이터 전체를 대표하는 하나의 직선 기울기가 필요하다. 이처럼 개별 데이터에 의존하지 않고 흩어져 있는 데이터를 대표하는 직선식을 구하는 작업을 직선 맞춤linear fitting이라고 한다. 1부에서 설명했던 내용을 떠올려보길 바란다.

곡선 맞춤

곡선 맞춤curve fitting은 직선 맞춤을 연장하여 모든 함수로 일반화한 것이다. 곡선 맞춤은 말 그대로 데이터를 가장 잘 표현하는 곡선을 구하는 작업이다. 직선 맞춤은 직선인 만큼 1차식으로 표현되지만, 곡선 맞춤은 2차식, 3차식과 같은 다항식부터 지수함수, 로그함수 등 어떤 함수라도 가능하다.

곡선 맞춤에서 중요한 것은 어떤 함수로 맞춤을 할 것인가, 즉 맞춤 함수를 선택하는 일이다. 고차 다항식 곡선을 사용하면 직선식보다 데이터 점들을 더 충실하게 지날 수는 있지만, 별 의미가 없을 수 있다. 직선 맞춤에 쓰이는 일차함수는 $y=ax+b$라는 간단한 형태를 가지고 있으므로 기울기에 어떤 물리적인 의미를 부여할 수 있지만, 고차 함수의 경우에는 각 계수들로부터 물리적 의미를 찾기가 쉽지 않다는 말이다. 물리적 의미를 찾을 수 없다면 차라리 가장 단순한 직선 함수를 쓰는 편이 나을 수 있다.

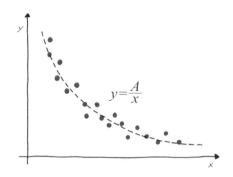

반비례 관계 데이터의 곡선 맞춤

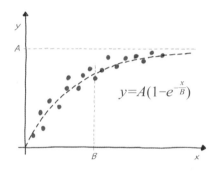

지수적으로 증가하는 데이터의 곡선 맞춤

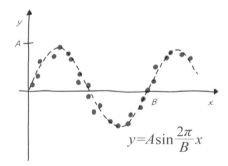

주기적으로 변동하는 데이터의 곡선 맞춤

5
실험 노트와 실험 보고서

　기록의 중요성은 아무리 강조해도 지나치지 않다. 일상에서 학습 노트, 독서 노트, 여행 노트 등 다양한 노트를 쓰듯이 실험 과정에서는 실험 노트를 쓴다. 실험 노트는 랩 노트lab note 또는 로그북log-book이라고 하는데 실험을 수행하는 전 과정을 기록한다. 실험실 환경, 실험 조건, 주의 사항, 실험 절차, 관찰 내용이나 측정값은 물론이고 실험 과정에서 떠오르는 아이디어나 스케치 등 형식에 구애받지 않고 시간 순서에 따라서 기록한다. 소소한 일이라도 꾸준히 기록한 내용은 나중에 소중한 자료가 되는 것처럼 실험 노트에 기록된 내용은 실험이 끝나고 실험 보고서를 작성할 때 중요한 자료가 된다. 공학 실험 수업에서 실험 노트를 쓰는 것이 필수는 아니지만, 노트를 마련해서 진지하게 기록해나가는 모습은 담당 교수

님과 조교들에게 좋은 인상을 남길 수 있다.

실험을 마친 후에는 실험 보고서를 쓴다. 보고서는 리포트^{report} 라는 단어의 뜻 그대로 누구에게 보고하는 것이기 때문에, 일정한 형식을 갖추어야 한다. 자유롭게 기록하는 실험 노트와는 다르다. 잘 정리된 실험 보고서가 있는가 하면, 그렇지 못한 보고서가 있다. 어느 쪽이 좋은 인상을 줄지는 뻔하다. 실험 보고서 작성 요령에 따라 관찰 내용을 정리하고 측정 결과를 분석하여 보고서를 작성한다.

천재들의 노트

레오나르도 다빈치, 아이작 뉴턴, 토머스 에디슨, 앨버트 아인슈타인 등 천재들은 많은 노트를 남겼다. 머릿속에 떠오르는 생각들을 그냥 흘려 버리지 않고 낙서나 스케치부터 다양한 형식의 글과 그림으로 꼼꼼하게 기록했다. 어떤 것은 실험 노트라 할 수 있고, 어떤 것은 설계 노트 또는 통틀어서 연구 노트라 할 수 있다.

레오나르도 다빈치

레오나르도 다빈치(1452~1519)는 이탈리아 르네상스 시대의 천문학자, 식물학자, 해부학자로서 자연과 인체를 관찰한 결과를 기록한 방대한 노트를 남겼고, 기술자, 발명가, 조각가로서 다양한 고안과 설계 아이디어를 남겼다. 왕성한 호기심과 타고난 관찰력을 바탕으로 식물의 줄기, 물의 소용돌이, 인체 구조 등 많은 스케치를 하였고, 천재적인 상상력과 창의력으로 전쟁용 수레, 비행기기, 유체기계, 연극용 소품 등 수없이 많은 장

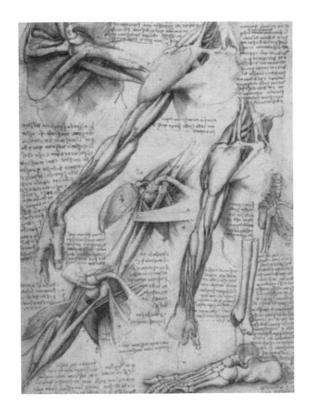

다빈치의 인체 관찰 노트

치를 고안했다.

　그가 남긴 7,200쪽의 노트를 보면 스케치가 중심이고 이를 설명하는 글과 수학 계산이 추가되어 있다. 노트만 보더라도 화가로서의 탁월한 그림 실력과 과학자로서의 정확한 분석 능력, 그리고 문장가로서의 뛰어난 작문 실력을 엿볼 수 있다. 이렇게 탄생한 다빈치 노트는 마이크로소프트의 빌 게이츠가 그중 하나를 우리 돈 350억 원을 주고 구입했을 정도로 가치가 높다고 한다.

아이작 뉴턴

만유인력의 법칙, 운동법칙을 발견하는 등 근대 과학 성립에 커다란 역할을 한 아이작 뉴턴(1642~1727)은 천문학뿐 아니라 미적분학, 연금술, 광학 등 다방면에 관심을 가지고 다양한 연구 기록물을 남겼다. 관찰한 내용과 자신의 아이디어를 정리한 실험 노트뿐만 아니라 개인적인 편지부터 법률 서류에 이르기까지 다양한 기록물이 전해진다. 특히 사과가 떨어지는 원리와 달이 지구를 공전하는 원리가 같다는 사실을 설명한 포탄 궤도에 관한 노트는 인류가 만들어낸 자료 가운데 첫 번째로 꼽힐 만하다.

뉴턴은 노트에 그림을 남기기도 했는데, 화가가 그린 것처럼 예술적이라고 할 수는 없지만 그가 그린 기하학적인 그림을 보면 그 표현이 정교하기 이를 데 없다. 과학자이자 금융가인 뉴턴이 따로 그림 지도를 받은 것도 아닐 테고 꾸준히 관찰하고 기록하는 습관이 가져다준 결과일 것이다.

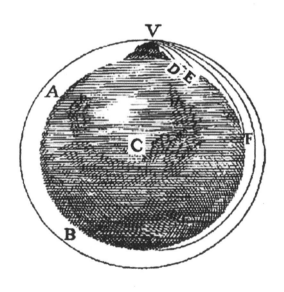

뉴턴의 포탄 궤도에 관한 사고실험 스케치

토머스 에디슨

　발명왕이라고 불리는 토머스 에디슨(1847~1931) 역시 500만 페이지가 넘는 방대한 기록물을 남긴 것으로 유명하다. 그는 연구실 작업대 위 손이 닿는 위치에 항상 노트를 놓아두었다. 또 작은 크기의 노트를 항상 가지고 다니면서 발명이나 연구에 관한 아이디어를 잊기 전에 기록하곤 했다. 에디슨은 성공 사례뿐 아니라 실패 경험도 똑같이 중요하게 생각했다. 어떤 방법이 실패하면 그 이유까지 꼼꼼히 기록했다. 전구의 필라멘트를 개발할 때는 수백 개의 후보 물질을 시험하면서 실패할 때마다 실망하지 않고, 또 하나의 실패 이유를 찾아낸 것을 기뻐하면서 적어나갔다. 그의 기록은 특허 방어가 주목적이었으나 중간중간 남긴 그의 메모들은 지금도 명언으로 남아 있는 것이 많다. 그중 하나로 '천재는 1퍼센트의 영감과 99퍼센트의 노력으로 이루어진다'는 글이 있다. 그만큼 노력의 중요성을 강조한 것이라 해석된다. 한편으로는 1퍼센트의 영감 없이, 즉 아

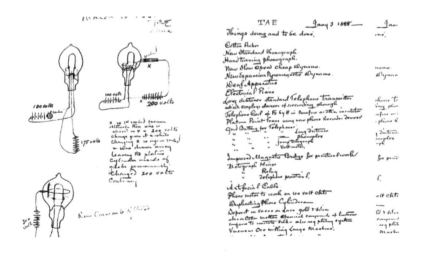

에디슨의 발명 노트

무 생각 없이 무작정 노력하는 것만으로는 별 소용이 없다는 뜻으로 해석할 수도 있다.

에디슨은 노트를 작성할 때 '할 일to-do list'과 '한 일done list'을 구분하는 독창적인 방법을 썼다. 오늘날 우리가 흔히 사용하는 노트 필기 방식의 모델이 되었다고 할 수 있다.

앨버트 아인슈타인

앨버트 아인슈타인(1879~1955)은 과학 원리를 밝히기 위하여 글보다는 주로 수식과 기하학적 도형으로 된 메모를 남겼다. 그는 자신의 기억을 믿지 않고 기록에 의존하곤 하였다. 자신의 머리를 기억에 쓰기보다는 창의력에 쓰려고 아끼고 비워두었다. 이와 관련해 재미있는 일화가 있다. 사람들이 아인슈타인에게 집 전화번호를 물어보자, 주머니에서 메모장을

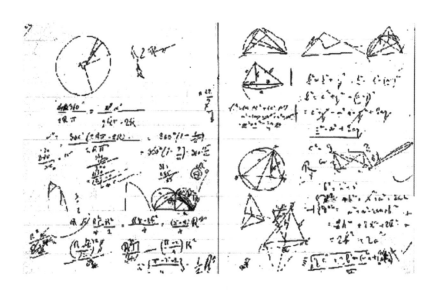

아인슈타인의 연구 노트

꺼내 보고 나서야 번호를 알려주었다고 한다. 자신의 전화번호를 기억하지 못하느냐고 묻자, 적어두면 쉽게 찾을 수 있는데 굳이 머릿속에 넣어둘 이유가 뭐 있느냐고 반문했다는 것이다. 요즘과 같이 인터넷에 접속하면 어지간한 지식이나 자료들을 쉽게 구할 수 있는 시대에 시사하는 바가 크다. 수학 공식이나 과학 지식들을 암기함으로써 귀중한 메모리 공간을 채울 것이 아니라, 창의성을 위해서 가능한 한 비워둘 필요가 있다.

실험 노트 작성법

실험 노트 작성법으로 따로 정해진 것은 없다. 작성된 실험 노트를 제출할 필요도 없으니 형식에 구애받을 필요가 없다. 실험할 때의 작업 내용이나 떠오른 아이디어 등을 일기 쓰듯이 자기 스타일로 써 내려가면 된다. 오히려 너무 잘 쓰려고 하다 보면 부담되어 시작도 못 하는 경우가 있다. 자꾸 쓰다 보면 자신만의 스타일이 만들어진다. 형식보다 중요한 것은 관찰하고 기록하는 습관을 들이는 것이다. 생각을 생각으로만 놔두지 말고 글로 표현하면, 이 과정에서 생각이 정리되고 구체화된다. 이런 식으로 글쓰기 훈련을 계속하면 글 솜씨도 좋아지고 논리력도 계발된다.

노트를 쓸 때는 글만 사용할 것이 아니라 아이디어를 시각화할 수 있는 스케치나 그림을 활용하면 더욱 좋다. 처음부터 그림을 잘 그리면 좋겠지만, 그렇지 않더라도 자꾸 그리면 스케치 실력도 좋아진다. 눈썰미, 즉 관찰력이 있어야 그림도 잘 그릴 수 있고, 그리는 과정에서 머릿속 입체 지각력이 좋아진다. 글이나 그림이나, 자꾸 해봐야 잘하게 되는 것은 똑같다. 적당한 크기의 노트를 마련해서 한 학기 동안 쭉 써 내려가고, 남으면 다음 학기 실험 시간에 계속 이어서 쓰면 된다.

실험 노트를 작성할 때 주의할 점이 몇 가지 있는데, 날짜와 시간 순서에 따라 기록하되 중간에 빈 페이지가 생기지 않도록 하는 것이다. 또 노트를 준비할 때 페이지에 일련번호가 붙어 있는 것을 사용하는 것이 좋다. 이러한 습관은 나중에 기록물로 인정받을 수 있는 공식적인 연구 노트를 작성하는 데 큰 도움이 된다.

공대를 졸업하고 본격적으로 실험을 하거나 개발 연구를 수행할 때 실험 노트의 연장이라 할 수 있는 연구 노트를 쓰게 된다. 연구 노트는 연구자가 연구를 시작해서 연구 성과물을 보고하거나 발표하고, 더 나아가 특허를 등록할 때까지 그 과정과 결과를 기록한 자료다. 교육과학기술부에서는 '국가연구개발사업 연구 노트 관리 지침'을 마련해놓고 있다. 지침에

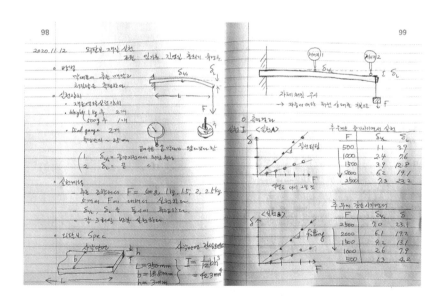

지은이의 연구 노트

제시된 형식에 따라 작성된 연구 노트는 법적인 효력을 갖는다. 최근 들어 특허 등 지적 재산권에 대한 다툼이 많아지고 있어 연구 노트 작성이 더욱 중요해지고 있다. 이런 이유로 공대에서는 정부 지원 연구를 수행하는 이공계 대학원생들이 의무적으로 연구 노트를 작성하도록 하고 있다. 대학생 시절에는 지침에 따라 엄격하게 작성할 필요는 없지만, 연구 노트 관련 요건과 작성 방법을 미리 알아두면 좋다.

요건 연구 노트는 다음 각 호의 요건을 충족해야 한다.
- 기관명, 일련번호, 연구 과제명
- 각 장에 쪽 번호가 적힌 제본된 형태
- 기록자, 점검자의 서명 및 날짜

작성 방법 연구 노트를 작성할 때는 다음 각 호에 따라 작성해야 한다.
- 기재 내용의 위조, 변조 없이 객관적인 사실만을 상세하고 정확하게 기록한다.
- 작성 대상인 과제에 대하여 참여자마다 별도로 작성한다.
- 연구 수행 과정 및 결과는 제3자가 재현 가능하도록 작성한다.
- 작성 내용을 수정, 삭제하거나 자료를 부착하는 경우 이에 대한 서명과 날짜를 기재한다.
- 빈 공간에는 사선을 긋고 여백임을 표시한다.
- 기록 내용이 장기간 보존되는 필기구로 작성한다.

〈연구 노트 지침 - 과학기술정보통신부 훈령 제44호, 2018.10.12.〉

실험 보고서 작성법

실험이 끝나면 그동안 작성한 실험 노트를 바탕으로 보고서를 작성한다. 보고서를 쓰는 목적은 크게 두 가지다. 실험 결과나 결론을 다른 사람에게 알리기 위해서 쓰고, 다음 실험에 참고하기 위한 정보들을 스스로 정리해두기 위해서 쓴다. 실험 보고서의 일반적인 작성 요령은 다음과 같다.

표지 Cover

표지에는 보고서의 내용을 잘 설명할 수 있는 간략한 제목을 기입한다. 아울러 보고서 작성자의 이름과 소속, 작성 날짜를 기입한다. 필요한 경우 팀원들 명단과 담당 교수명을 기입한다.

요약문 Abstract

공식적인 보고서일 때는 요약문을 작성하지만, 대학 실험 보고서에서는 반드시 작성할 필요는 없다. 요약문은 실험의 목적과 실험 방법, 중요 실험 결과와 결론을 중심으로, 보고서 전체 내용을 요약하여 기술한다. 대개 반 페이지 정도의 분량으로 실험의 전체 내용을 판단할 수 있도록 설명한다. 보고서가 잘 검색될 수 있도록 주요어(키워드)를 포함하기도 한다. 국제적인 검색이나 자료 공유를 위해 요약문 정도는 영문으로 작성하는 것도 좋은 방법이다.

서론 Introduction

서론에는 실험의 목적과 문제에 대한 설명을 간결하게 기술한다. 또 실험을 수행한 동기와 배경을 설명하고 실험 방법과 자료 조사 내용을 요약하여 정리한다. 이 실험이 가지는 한계와 범위, 다시 말해 실험 결과를 어디까지 적용할 수 있는지 명확히 밝힐 필요가 있다.

이론적 배경Theoretical background

실험 방법이나 실험 결과에 관한 이해를 돕기 위해 실험에 관련된 이론적 배경을 설명한다. 주로 관련된 과학 법칙이나 측정 기술에 관한 내용이다. 물리 현상에 관한 실험이라면 주로 자연법칙에 관련된 이론 설명이 될 것이고, 새로운 측정 기술을 이용한 실험이라면 측정 방법에 관한 이론 설명이 될 것이다. 이론 설명에 수식이 필요한 경우에는 수식에 사용된 기호를 설명한다.

실험 장치와 방법Experimental setup and procedure

실험에 사용된 장치와 계측기의 구성에 관하여 설명한다. 전체적인 실험 장치의 구성도를 포함하는 것이 좋다. 실험 장치에 대한 사진도 도움이 된다. 이때 어떤 조건에서 실험했는지, 실험 조건을 정확하게 설명하는 것이 무엇보다 중요하다. 계측기나 센서에 관한 사양이나 제조사 등에 관한 내용은 요약하여 기술하되, 상세한 설계도면이나 세부 사양은 부록에 첨부한다. 실험 데이터를 얻기까지 절차와 방법을 차례대로 서술한다. 대수롭지 않아 보이는 내용이라도 다른 사람이 새로 실험을 수행할 때 도움이 된다. 실험에서 취했던 특별한 조치나 고려 사항, 또는 잘못 수행해 고생했던 부분에 대해서도 솔직하게 기술한다.

결과 및 고찰Results and discussion

실험 결과는 보통 그래프나 표 형태로 나타낸다. 그래프는 많은 양의 데이터를 한눈에 보여주어 전체적인 경향을 쉽게 파악할 수 있고, 표는 그래프로 읽기 어려운 데이터 값을 정량적으로 보여주는 것이다. 가급적 그래프와 표의 데이터가 중복되지 않도록 하고, 일련의 측정 데이터는 필요한 경우 부록에 첨부한다. 어떤 경우든 제시된 그래프와 표에 대해서는 반드시 분석 설명이 뒤따라야 한다. 결과 분석은 앞서 소개한 '이론적 배경'에서 설명한 이론에 근거하여 논리적으로 표현한다. 오차 분석을 통해서 결과 값이 갖는 오차의 범위를 설명하는 것도 중요하다. 실험 결과를 분석한 내용은 결론의 근거가 되며, 오차 분석은 실험 결과의 신뢰도를 높인다.

결론Conclusions

결론에는 실험 결과를 요약하고 실험의 목적에 맞도록 유추된 몇 가지 결론을 구체적으로 기술한다. 결론은 가능한 한 일반화시키는 것이 바람직하지만, 제시된 결론이 적용될 수 있는 조건과 범위를 명확히 기술하는 것이 중요하다. 이미 잘 알려진 사실을 새삼 결론으로 확인하는 것은 그리 바람직하지 않다. 이 실험의 문제점과 보완 사항을 언급하여 가능하면 차후 실험에 대한 개선 방안이나 새로운 방법을 제시한다.

참고문헌References

보고서를 작성할 때 참고한 문헌이나 홈페이지 등을 기록한다. 참고문헌에는 제목, 저자, 출판사, 발표연도, 페이지 수 등을 표시하여 다른 사람도 그 목록을 보고 자료를 찾을 수 있도록 한다. 또 표절 시비도 어느 정도 피해 갈 수 있다.

부록Appendix

부록에는 본문에 포함되지 않은 부가적인 자료들을 첨부한다. 측정 원본 데이터나 결과 계산 예, 작성한 데이터 획득 프로그램이나 데이터 분석 프로그램, 실험 장치 설계도면이나 계측기의 상세 사양 등의 보조 자료를 포함할 수 있다.

공학적 글쓰기

공대생들이 작성하는 보고서에는 일반 보고서, 실험 보고서, 설계 보고서 등이 있다. 일반 보고서는 주로 수학 문제 같은 문제풀이 과제 보고서로 글쓰기와는 거의 무관하다. 글자라고는 표지에 쓰인 '보고서'라는 단어와 자기 이름이 전부인 경우가 많다. 이에 비해 실험 보고서나 설계 보고서는 자신의 생각을 정리해서 기술하는 글쓰기가 필요하다.

공대생들은 많은 부분을 수식이나 그래프로 소통하기 때문에 글쓰기에 소홀하기 쉽다. 하지만 공대생에게도 글쓰기 훈련은 매우 중요하다. 학교에서 보고서를 작성하기 위한 것은 물론이고, 졸업 후 직장에서 엔지니어로서 상사나 고객과 소통하기 위해서 글쓰기 능력은 정말 중요하다. 소통하는 방법 중 읽기와 듣기는 수동적인 것으로 다른 사람의 생각을 받아들이는 수단이고, 말하기와 쓰기는 자기의 생각을 표현하는 수단이다. 남들에게 인정받는 길은 결국 나를 표현하는 글과 말을 통한다고 해도 과언이 아니다.

일반적인 글쓰기 유형을 크게 세 가지로 나눌 수 있다. 요약적 글쓰기, 객관적 글쓰기, 비평적 글쓰기다. 요약적 글쓰기는 주로 시험 공부할 때 쓰는 방법으로 책에 있는 내용을 잘 정리해서 일목요연하게 요약하는 글쓰기다. 공학에서 글쓰기는 주로 객관적 글쓰기다. 실험 보고서는 관찰한 사실을 있는 그대로 기록하고 결과를 분석한 내용을 객관적으로 설명하기 때문에 사실을 논리적으로 정리해서 기술하는 능력이 필요하다. 여기서 어떤 사안에 대해 주관적 판단이 필요한 비평적 글쓰기를 요구하는 경우는 거의 없다. 관찰 내용을 담담하게 있는 그대로 적어나가되, 내가 생각한 체계와 논리에 따라 기술한다. 논리의 전개 과정에서 오류가 없어야 하는 것은 기본이지만, 실험에 대해 색다른 분석을 시도하는 모습은 읽는 사람에게 좋은 인상을 줄 수 있다.

6
실험 실습 교과목

공대에 입학하면 여러 가지 실험 실습 수업을 수강하게 된다. ○○ 실험 또는 ××실습이라는 이름을 가진 별도의 실험 실습 과목도 있고, 일반 이론 과목에서 실험 실습을 병행하기도 한다. 실험 과목은 보통 기본적인 공학 원리를 이해하고 성능을 측정하기 위한 과목이고, 실습 과목은 제작, 조립, 프로그래밍 등 다소 기능적인 작업을 익히기 위한 과목이다. 이 밖에 졸업을 앞두고 4년 동안 배운 전공 내용을 종합하여 실험과 설계를 함께 진행하는 '캡스톤 설계'라는 과목이 있고, 취업을 앞두고 관련 업체에 직접 출근하여 실무적인 교육을 받는 '현장 실습' 과목이 있다.

실험 실습 내용은 전공별로 크게 다르고 운영 방식도 대학마다 천차만별이다. 그렇지만 실험 실습에서 추구하는 기초적인 교육 내용 중에는 전공 구분과는 관련 없이 공통적인 부분이 많다. 예를 들어 유체공학과 관련된 실험은 전공별로 적용하는 대상은 달라도 기계공학, 조선공학, 항공공학을 비롯하여 화학공학, 토목공학, 환경공학에서도 필수적으로 해야 한다. 회로 실험은 전자공학, 전기공학, 계측공학, 컴퓨터공학뿐만 아니라 이를 응용하는 기전(메카트로닉스)공학, 로봇공학 등에서도 해야 한다. 그런가 하면 프로그래밍 실습은 컴퓨터공학은 물론이고 거의 모든 공학 전공에서 공통적으로 배우게 된다.

실험 계획

실험은 일련의 과정으로 이루어진다. 실험을 하려면 우선 어떤 조건을 주고, 무엇을, 어떻게 측정할 것인가 하는 실험 계획이 필요하다. 실험을 계획할 때는 실험 목적에 맞도록 적정한 조건을 설정하고 효과적인 실험 방법을 생각한다. 또 실험에서 고려할 변수를 구체적으로 선정하고 그 범위와 수준을 결정한다. 여기서 중요한 점은 실험에는 예산과 시간이 소요되므로 측정 범위와 오차의 한계를 현실적인 측면을 고려해서 결정해야 한다는 점이다.

엔진 실험을 하는 과정을 생각해보자. 우선 실험 조건으로 실험실 온도와 압력은 어떻게 설정할지, 또 그런 환경 조건을 어떻게 유지할 것인지 고려한다. 다음으로 어떤 변수(예를 들면 엔진의 회전수)를 조작할 계획이고 어느 범위에서 어떻게 변화시킬 것인가를 결정한다. 이러한 변수를 독립변수 또는 조작변수라 한다. 실험이란 조작변수를 변화시키면서 결과로 나타나는 종속변수의 변화를 관찰 또는 측정하는 과정이다. 다음으로 실험 방법과 실험 절차를 결정하고 실험 장치를 구성한다. 엔진 실험에서 회전수를 변화시키면서 결과적으로 나타나는 엔진의 출력을 측정한다. 측정을 위해 어떤 센서를 쓸 것인가, 또 측정된 결과는 어떻게 분석할 것인가 하는 부분도 미리 정해둬야 한다. 이러한 과정을 통해서 '표준대기압 조건(조건변수)에서 엔진 회전수(조작변수)의 변화가 엔진 출력(종속변수 또는 결과변수)의 변화에 미치는 영향에 관한 실험'이 완성된다.

측정된 데이터는 표나 그래프 형태로 표현하며 통계 분석이나 상관 분석을 통해서 결과를 분석한다. 결과 분식에는 과학적인 이론 지식과 합리적인 사고 능력이 총동원된다. 그다음 관찰된 내용과 분석된 결과를 바탕으로 실험 보고서를 작성한다.

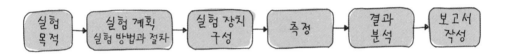

하지만 지금까지 설명한 실험 과정은 주로 대학원생 이상의 연구자가 실험할 때 필요한 일반적인 과정이고, 학부생 수준의 실험에서 학생 스스로 실험을 계획하는 경우는 극히 드물다. 학부생들은 주어진 실험 장치를 써서 정해진 절차에 따라서 진행하는 경우가 대부분이다. 또 실험 시간에는 조교가 항상 옆에 있어서 도움을 청하면 되기 때문에 크게 걱정하지 않아도 된다. 다음은 공대 각 전공에서 행해지는 실험 실습을 간단히 소개한다. 대학별로 전공별로 매우 다양한 실험을 수행하기 때문에 구체적인 내용보다는 전반적인 전공 특성을 설명한다.

전공별 실험 실습

공학은 토목공학에서 시작해서 기계공학, 전기공학, 화학공학 등 전통적인 공학 분야로 분화되면서 발전해왔다. 시대적 요구에 따라 전공이 더욱 세분되거나 다른 전공과 서로 융합되면서 다양한 전공이 만들어졌다. 특히 최근 IT 기술과 바이오 기술이 떠오르면서 이 기술들과 접목한 다양한 융합 전공이 만들어지고 있다. 그런가 하면 로봇, 스마트폰, 드론, 디스플레이 등과 같이 특정 제품을 대상으로 하는 특화된 전공들도 생겨나고 있다. 여기서는 공학 분야를 크게 기계, 전기전자, 건설, 재료, 화학, 소프트웨어 분야로 나누어 각 전공에서 이루어지는 대표적인 실험 내용과 전공 특성을 간략히 소개한다. 혹시 낯선 전문용어가 나오더라도 크게 신경 쓸 필요 없이 그런 게 있나 보다 하면 된다.

기계공학 관련 실험 실습

기계공학은 모든 공학의 근간으로, 에너지를 써서 운동하거나 일을 하는 대부분의 기계장치를 다룬다. 기계공학과 학생들은 "Nothing moves without Mechanical Engineering(기계공학 없이는 아무것도 돌아가지 않아요)"라고 말할 만큼 자신의 전공에 대한 자부심이 대단하다. 자동차공학, 로봇공학, 항공공학, 조선공학, 기계설계학처럼 모든 움직이는 인공물은 기계공학의 대상이 된다. 따라서 실험 실습 내용도 대부분 기계장치나 물체의 움직임에 관한 것이다.

물체의 운동은 힘과 관련되므로 에너지가 수반된다. 물체의 운동과 관련된 이론은 역학dynamics이라고 하고, 고전 물리학에서 뉴턴의 법칙이나 에너지 보존 법칙, 열역학 법칙 등이 기본이 된다. 그러므로 기계공학에서는 기본적인 역학에 관한 실험, 개별 기계장치에 대한 실험, 그리고 기계적 특성을 시험하는 재료 실험 등이 주요 실험 내용이다.

기본적인 역학 실험으로 열역학 실험, 유체역학 실험, 동역학 실험, 진동 실험이 있고, 기계 재료 실험으로는 강도 실험과 표면 거칠기 실험 등이 있다. 또 로봇, 자동차, 드론, 엔진, 냉동장치, 열교환기, 펌프 등 다양한 기계장치의 성능이나 제어 특성에 관한 실험을 수행한다. 공대생들은 무슨 실험을 하든 각종 센서와 기본적인 계측 장비 다루는 법을 배운다. 인장강도 실험, 진동수 측정 실험, 소음 진동 실험, 관로 마찰 실험, 유동 가시화 실험, 냉동장치 실험, 로봇 제어 실험, 엔진 성능 실험 등이 기계공학과에서 하는 실험들이다.

실습으로는 선반, 밀링 같은 전통적인 공작기계를 써서 부품을 만드는 제작 실습이 있다. 최근에는 3D프린터나 NC머신 등 컴퓨터를 활용한 제작 실습을 한다. 또 자동차 엔진 등 복잡한 기계장치의 구조를 파악하기 위해서 분해 조립 실습을 하는 경우도 있다. 실습을 통해서 기능을 충분히 숙달시키기는 어렵지만, 공학 설계에 필요한 최소한의 생산 과정을 이해할 수 있도록 한다.

공학 실험을 할 때 덕트 테이프(일명 청테이프)와 WD40라는 윤활 방청제는 없어서는 안 될 마법의 도구다. 실험을 하다 보면 움직여야 할 것이 안 움직이거나, 고정되어야 할 것이 움직이는 경우가 있다. 경험 많은 엔지니어는 청테이프와 WD40만 있으면 이런 문제를 모두 해결할 수 있다고 믿는다. 농담 아닌 농담이다. 일상생활 속에서도 고정되어야 할 것이 움직이면 청테이프로 고정시키고, 움직여야 할 것이 꼼짝하지 않으면

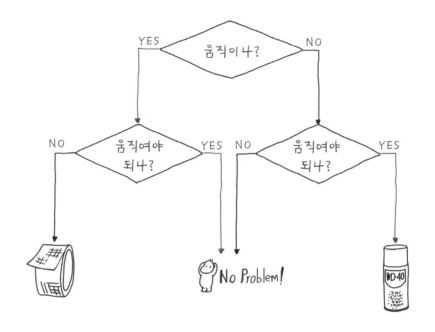

WD40를 뿌리는 것만으로 긴급 처방할 수 있다. 엔지니어들은 재미 삼아 긴급 처방을 플로차트 형태로 그려놓고 있다.

전기전자공학 관련 실험 실습

전기전자공학은 빠르게 발전하는 공학 분야로 전자의 운동과 전기에너지를 이용하는 전자장치와 회로를 다룬다. 건물과 플랜트, 자동차 등에서 전자장치의 비중이 높아지고 있으며, 첨단 기계 가운데 전자회로가 들어가지 않은 것이 없다. 전기전자공학은 에너지로서의 전기를 다루는 전기공학에서 시작해 신호로서의 전기를 다루는 전자공학으로 발전했고, 여기서 더욱 세분되어 제어계측공학과 정보통신공학 등의 새로운 전공 분야들이 생겨났다. 참고로 전력으로서 전기를 강전强電이라 하고, 신호로서 전기를 약전弱電이라 한다.

전자공학과에서는 공통적으로 기초전자 실험과 디지털 논리회로 실험, 마이크로프로세서 실험을 수행한다. 기초전자 실험으로 옴의 법칙과 키르히호프 법칙에 관한 실험, 회로 실험, 주파수 실험 등을 하면서, 실험에 필요한 오실로스코프 등 계측 하드웨어와 피스파이스P-spice 등 회로 설계 소프트웨어의 사용법을 익힌다. 강전을 다루는 전기공학과에서는 다양한 모터를 비롯해 스마트 전력 그리드와 에너지에 관한 실험을 한다.

디지털 논리실험에서는 OR/AND/NOT 게이트와 부울대수, 멀티플렉서, 플립플롭 등에 관한 실험을 하며, 마이크로프로세서 실험에서는 LCD 제어 실험, AD 변환기, 타이머/카운터 동작 실험을 비롯해 통신과 관련된 블루투스 통신, 출력포트 응용 실험 등을 한다. 또 신호 측정과 신호 처리에 관한 실험도 별도로 수행한다.

전기전자공학 실습에서는 전자회로를 설계하고 설계된 회로를 실제로 구현하기 위해 직접 전원과 부품들을 연결해본다. 최근에는 주로 브레드보드를 써서 연결하므로 예전처럼 납땜이 중요하게 취급되지는 않지만, 공대에 입학했으니 한번쯤 해보는 것이 좋고, 또 잘할 줄 알면 가끔 쓸 일이 생긴다.

실험장치 중에서 전기를 쓰지 않는 장치는 거의 없다. 교류를 전원으로 쓰는 실험장치라면 음극과 양극을 구분할 필요가 없지만, 직류를 쓰는 경우에는 극성이 매우 중요하다. 그런데 실험을 하다가 실수로 음극과 양극을 반대로 연결하는 바람에 실험장치가 타버리는 사고가 종종 발생한다. 머피의 법칙으로 유명한 에드워드 머피Edward A. Murphy는 미국 공군 대위로 있을 때 비슷한 경험을 했다. 차세대 음속기 개발에 참여해서 인체가 버틸

수 있는 중력의 한계를 찾는 실험에서 측정장치가 작동하지 않고 실험값이 당황스럽게 나오는 것이었다. 알고 보니 전극봉이 반대 방향으로 연결되어 생긴 일이었다. 머피는 이 일을 두고 "어떤 일을 하는 데 둘 이상의 방법이 있고 그들 중 하나는 나쁜 결과를 초래한다면, 누군가는 꼭 그 방법을 사용한다"라고 푸념했다. 머피의 법칙이 만들어진 배경이다.

건설환경공학 관련 실험 실습

건설환경공학은 토목공학, 건축공학, 환경공학과 같이 사회 인프라를 구축하는 건설 공사와 관련된 분야다. 특히 토목공학은 영어로 Civil Engineering이라고 하는데, 가장 역사가 오래된 공학 분야로 군사공학 Military Engineering과 대비되는 시민 공학이란 의미를 갖는다.

토목공학에서는 구조 실험, 수리 실험, 토질 실험 등의 실험과 지형 측량이나 면적 측량과 같은 실습이 이루어진다. 구조실험에서는 교량, 건축물, 터널 등 각종 구조물의 강도에 관한 실험을 하고, 수리 실험에서는 하천과 해안의 물 유동에 관련된 조파 실험, 개수로 실험 등 수력학 실험을 한다. 또 대형 구조물을 이루는 콘크리트와 이를 받치는 토질의 특성을 파악하기 위한 각종 재료 실험을 한다. 토목은 원래 흙 토$^\pm$, 나무 목*의 합성어다.

건축공학에서 다루는 대상은 토목공학에 비해 스케일이 작지만, 재료 실험이나 구조 실험과 유사한 실험이 많다. 그 밖에 음^m 환경, 빛 환경, 열 환경, 공기 환경 등 실내환경에 관한 실험과 이를 구현하기 위한 각종 건축설비에 관한 공학 실험을 수행한다. 실제 현장에 나가서 실험하는 경우도 종종 있다.

환경공학은 지구를 이루고 있는 물, 공기, 땅과 관련하여 수질환경, 대기환경, 토질환경을 다룬다. 기본적으로 유동과 관련된 유체역학 실험, 오염물질의 화학반응 실험, 현장 오염측정 실험, 환경설비 실험 등을 수행한다. 하천의 흐름이나 바닷물의 흐름과 관련하여 오염물질의 확산 거동을 실험하고 기상 변화에 따른 대기오염에 관한 실험을 한다. 또 각종 오염 물질 처리를 위한 반응 실험과 환경 설비에 관한 실험을 수행한다.

건설 현장에서 기사들이 삼각대를 놓고 측량하는 모습을 종종 봤을 것이다. 토목 공사나 건축 공사를 위해서는 대지의 면적과 형상이 기본적인 정보이기 때문에 대지 측량, 평면 측량, 레벨 측량 등 각종 측량에 관한 실습이 이루어진다. 최근에는 GPS나 드론 등 첨단 방법을 이용한 측량이 이루어지고 있으나, 전통적인 측량에 대한 이해도 여전히 필요하다. 또 교량이나 대형 구조물, 건축물의 모형을 제작하는 실습도 하고 있다.

실험을 하다 보면 언제라도 위험한 상황이 발생할 수 있다. 고온이나 고압을 다루거나 인화성 있는 재료, 유해한 물질을 다루는 경우가 많기 때문에 화재사고, 폭발사고, 중독사고, 낙상사고, 충돌사고 등이 발생할 수 있다. 또 전기장치에 의한 누전이나 합선 또는 감전 사고가 발생할 수 있다. 특히 토목 실험의 경우에는 현장에서 이루어지는 경우가 많고 콘크리트나 구조물과 같이 크고 무거운 것을 다루기 때문에, 높은 곳에서 떨어지거나 무거운 것이 넘어지면서 안전사고가 발생하기 쉽다. 실제 건설 현장에서도 안전사고가 많이 발생하기 때문에 학생 때부터 안전교육을 체화하는 것이 중요하다. 실험 중에는 항상 실험실 안전수칙을 준수하고 필요한 경우 보안경이나 안전모를 착용한다. 요즘은 안전의식이 많이 높아져서 실험실마다 안전 장비를 구비하고 있으며 학생들은 사고에 대비해서 단체 보험에 가입하고 있다.

재료공학 관련 실험 실습

재료공학은 금속 재료와 무기 재료를 개발하고 제조하는 분야로서 기계장치나 전기장치 등에 반드시 필요한 소재를 만드는 공학의 뿌리라 할 수 있다. 전공 이름으로 신소재공학, 금속공학, 무기재료공학 등이 있다. 전통적인 금속 재료에 추가하여 최근에는 탄소나노튜브를 비롯해 첨단 재료와 신소재들을 개발하고 있다. 참고로 금속 세라믹과 같은 무기 재료는 재료공학에서 다루고, 고분자 등 유기 재료는 화학공학과에서 다룬다.

재료공학과는 기본적으로 각종 재료에 대한 실험을 하는데, 크게 제조 공정 실험과 재료 특성 실험으로 나눌 수 있다. 합금의 경우 여러 금속의 합성 비율이나 주조 및 냉각 과정에 따라서 특성이 달라지므로 제조 공정에 필요한 실험을 한다. 또 제조된 재료에 대해서 각종 물리적, 기계적, 열적, 전기적 특성을 시험한다. 전자현미경을 써서 미세 구조에 대한 관찰실험을 하고, 강도나 경도와 같은 거시적인 특성을 시험한다. 그 밖에 금속이온과 관련된 전기화학 실험으로 전해질 실험, 배터리 셀 실험, 부식 실험이 있다.

무기 재료에 대해서도 마찬가지로 제조 공정 실험과 재료 특성 실험을 한다. 세라믹은 금속과 비금속 원소의 조합으로 이루어진 재료로서 도자기라고 생각하면 된다. 최근에는 세라믹이 각종 전자 재료와 바이오 재료로 쓰이면서 고부가가치 산업으로 발전하고 있다. 도자기 장인들이 그랬듯이 재료의 배합 성분과 비율, 소결(분말 입자들이 열적 활성화 과정을 거쳐 하나의 덩어리로 되는 과정) 온도와 시간 등에 따라서 결정 구조가 달라지기 때문에 원하는 특성을 얻기 위해서는 많은 시행착오를 거친다.

재료공학과 같이 전기전자와 관련이 없을 것 같은 전공자들도 기본적

바나나 케이블

인 계측 장비는 다룰 줄 알아야 한다. 잘 모르면 실험을 하다가 별의별 일이 다 생긴다. 실험 도중 한 학생이 바나나 케이블이 짧아 길이를 연장할 전깃줄이 필요했다. 조교는 친절하게 피복 전선을 적당한 길이로 잘라 가져다주었다. 바나나 케이블은 양쪽에 바나나 플러그 또는 악어 클립이 달려 있어서 센서나 실험 장비를 쉽게 연결할 수 있도록 하는 연결선이다. 마치 바나나를 벗겨놓은 것 같다 하여 바나나 플러그라고 하고, 악어가 입을 벌리고 있는 것 같다고 하여 악어 클립이라고도 한다. 보통 빨간색은 양극선으로, 검은색은 음극선으로 사용한다.

학생은 모범생답게 실험 매뉴얼의 지시에 따라 연결한 뒤 측정을 시작했다. 그런데 아무런 신호도 측정되지 않았다. 아무리 살펴봐도 잘못된 부분을 찾을 수 없자, 결국 학생은 조교에게 다시 도움을 청했다. 조교가 다가와서 연결 상태와 실험 장치를 꼼꼼하게 살피다가 악어 클립 덮개 속에 숨어 있는 진실을 발견하고는 크게 웃고 말았다. 전깃줄의 피복을 벗기지 않은 채 그대로 악어 클립으로 물려놓은 것이었다.

"아~ 피복을 벗겨야 하는 거였어요? 매뉴얼에 그런 설명이 없어서…."

화학생명공학 관련 실험 실습

화학공학은 화학반응을 통해 유기화합물을 만들고 필요한 공정을 개발하는 공학 분야다. 석유를 정제하는 정유공업과 석유를 원료로 하는 석유화학공업과 함께 성장했으며, 최근에는 생명공학이나 환경공학으로 그 분야를 넓히고 있다.

각종 유기화학물의 특성과 반응 공정을 다루는 화학공학에서는 기본적으로 바이오 소재실험, 폴리머(고분자) 실험 등 유기화학 실험을 하고, 열 전달과 물질 전달 실험, 열역학 등 기초 역학 실험을 한다. 또 각종 유기화합물의 제조 공정과 관련하여 공정 실험, 반응 실험 등을 한다. 화학공학은 미량의 물질 분석 장비를 다루기 때문에 대기오염이나 수질오염과 관련하여 환경 분석 실습도 하고 있다. 화학공학과 연계된 분야 가운데 생명공학은 전통적인 공학실험에서는 잘 다루지 않던 동식물이나 미생물 등 생물을 대상으로 하는 실험을 수행하기도 한다. 그동안 주로 다루었던 석유 같은 유기화학 재료를 넘어서 생명체를 원료로 하는 치료약이나 식품 재료를 개발하고 제조하는 제조 공정 기술을 개발하기 위해서다.

어느 실험이나 마찬가지지만, 화학공학 실험 역시 위험 물질을 많이 다루므로 조심하고 또 조심해야 한다. 화학실험에는 유해가스가 발생하는 경우가 있어서 잘 환기된 곳에서 실험하고 들이마시지 않도록 해야 한다. 냄새를 감별할 필요가 있는 경우에는 직접 코를 들이대지 말고 손으로 살살 움직여 저농도 상태에서 냄새를 확인한다. 액체를 따르거나 다른 용기로 옮길 때도 튀거나 쏟아지지 않도록 조심한다. 소량의 액체를 옮길 때는 피펫이라는 실험 도구를 종종 사용한다. 피펫은 스포이트라고도 하며 정확한 양을 빨아들여 다른 용기로 옮기는 데 적합하다. 피펫의 유리관에는 눈금이 매겨져 있어서 액체의 부피를 정확하게 측정할 수 있다.

믿기지 않겠지만 예전에는 종종 입으로 피펫을 이용하곤 하였다. 아래위가 뚫린 단순한 유리관의 윗부분을 입으로 빨아서 눈금 선까지 액체를 끌어올린다. 이때 유리관을 따라 수면이 올라오는 것을 잘 보면서 눈금선을 넘지 않도록 조심해야 한다. 그런데 어떤 학생이 입으로 피펫을 빨다가 눈금 선을 넘어 액체가 입으로 들어가고 말았다. 같은 힘으로 빨더라도 중간에 불룩한 부분에서는 천천히 올라오다가 나중에 관이 좁아지는 부분으로 들어서면 올라오는 속도가 갑자기 빨라지므로, 미처 힘 조절을 못한 것이다. 다행히 취급한 액체가 에틸 알콜이라 조금 취하는 정도로 끝났지만, 상당히 위험할 수도 있었던 상황이었다. 요즘은 피펫 끝에 고무주머니나 피스톤이 달려 있어 손으로 조절하거나 소형 펌프를 써서 안전하게 사용할 수 있도록 하고 있다.

소프트웨어공학 관련 실험 실습

소프트웨어공학은 각종 소프트웨어를 개발하고, 운용하고, 유지 관리하기 위한 공학 분야다. 초기에는 전산학이라 하여 연산 알고리즘이나 대형 컴퓨터의 운영체계를 개발하는 것이 주된 목적이었으나 최근에는 인공지능과 가상현실과 관련된 소프트웨어를 개발하거나 대량의 데이터를 처리하는 등 다루는 범위와 대상이 상당히 넓어졌다.

소프트웨어공학과에서는 하드웨어 실험보다는 프로그래밍 언어를 익히거나 멀티미디어 기술을 익히는 소프트웨어 실습을 주로 한다. 프로그래밍 언어는 디지털 기기와 소통하는 기본적인 도구로서 낮은 단계의 기계언어부터 높은 단계의 객체지향 C^{++}언어와 자바스크립트에 이르기까지 다양한 언어를 익힌다. 요즘은 인공지능과 관련하여 음성인식, 패턴인식, 데이터 분류 등의 추론 알고리즘을 비롯하여 정보검색, 데이터 관리, 인터넷 보안 등 다양한 소프트웨어에 대한 관심이 높아지고 있다. 지금까지의 공학이 아날로그적인 현실 세계를 대상으로 하였다면 앞으로의 공학은 디지털로 만들어진 가상세계를 다룰 것이다. 이미 상점, 영화관, 은행, 학교 등 많은 부분이 디지털 세상 속으로 들어와 있다. 그만큼 멀티미디어 소프트웨어의 중요성은 커지고 있다.

공학 설계 과정에서는 풀 프루프fool proof 설계를 하는데, fool은 바보, proof는 방지라는 뜻이니 그대로 옮기면 '바보 방지 설계' 정도의 뜻이다. 실험 장치 중에는 직류를 전원으로 쓰는 것이 있는데, 항상 전극의 방향을 신경 써야 한다. 거꾸로 연결하면 켜지지 않거나 고장이 난다. 실수를 방지하기 위해 음극과 양극의 전원 단자 모양을 비대칭으로 만든다. 하지만 세상에는 기발한 바보들이 많기 때문에 별의별 방법으로 고장을 낸다.

풀 프루프 설계는 천재적인 바보들로부터 제품을 보호하고, 작업장에서의 실수를 미연에 방지하도록 한다. 원래 전통적인 하드웨어 제품에 대한 설계방법으로 발전해왔지만, 최근에는 소프트웨어 분야에서도 활발하게 적용된다. 예를 들어 문서 작성 소프트웨어에서 파일을 저장하지 않고 닫으려 하면 저장 여부를 확인하는 창을 띄우거나, 파일을 삭제했더라도 '휴지통'에서 다시 한번 확인할 기회를 주는 것이다. 점점 똑똑해지는 인공지능 분야에서도 사용자의 실수를 미리 방지할 수 있는 풀 프루프 설계가 점점 중요해지고 있다.

현장 실습

현장 실습은 취업을 앞두고 실제 산업 현장에 들어가 실무적인 교육을 받음으로써 졸업 전 현장 감각을 익히도록 하는 과목이다. 기계공학, 전기전자공학, 건설공학, 화학공학, 재료공학 등 각 전공 분야와 관련된 업체에 일정 기간 출퇴근하면서 실습을 하는데, 특정한 기술을 습득하기보다는 전반적인 업무 분위기를 파악하는 것이 목적이다. 현장 실습은 인턴십 프로그램으로도 불리며 대하에서 습득한 지식을 전공 관련 실습 기관에서 직접 경험함으로써 졸업 후 취업하거나 사회에 진출할 때 필요한 능력과 적응력을 재학 중에 미리 준비할 수 있도록 한다.

현장 실습은 기업체의 요구에 부합하는 교육 프로그램이기도 하다. 대학에서 배출되는 인력과 기업에서 필요로 하는 인재상 사이의 괴리로 인해 청년 실업과 막대한 신입사원 재교육 부담 등 사회적 비효율이 초래되고 있기 때문이다. 많은 CEO들은 이러한 문제점을 해소하고자 대학교에서 산업 현장 교육(인턴십)을 대학의 정규 교과 과정으로 채택하도록 요구하고 있다. 이는 현장 실습(인턴십)이 학생들에게 기업에 대한 이해를 높이고 취업에 필요한 소양과 능력을 사전에 준비할 수 있도록 하며, 장기적으로 기업이 우수 인재를 발굴하고 인력을 양성하는 데 드는 비용을 절감해줄 수 있다고 판단하기 때문이다.

5부

세상에 없던 것을
만들어내는 일
공학 설계

1
설계 과목

　공학의 궁극적인 목적은 설계에 있다. 엔지니어가 과학을 배우고 수학을 써서 모델링을 하고 실험을 하는 이유는 결국 공학 설계를 하기 위해서다. 설계라고 하면 보통 도면 그리는 작업을 떠올릴 테지만, 도면을 그리는 작업뿐이 아니라 계획하고 분석하고 고안해서 총체적인 해결 방안을 내놓는 과정 전체가 설계다. 엔지니어는 과학 지식과 아이디어를 총동원해서 공학적 문제 해결을 위한 해결책(솔루션)을 내놓는다.

　수학이나 과학은 주어진 문제에 대한 정답을 찾는다. 수학적 논리나 자연법칙은 옳고 그름이 분명하기 때문에 유일한 정답이 존재하는 반면 엔지니어가 해결해야 할 문제는 정답이 없는 경우가 많다. 아니, 정답이 없는 것이 아니라 사실은 정답이 여러 개다. 따라서 엔지니어의 문제 해결법은 여러 가지 가능한 해결 방안들 가운데 가장 적합하고 실현 가능한 해법을 찾는 것이라고 할 수 있다. 공학 설계란 이처럼 창의적인 방법으로 실용적이고 최선의 솔루션을 찾는 과정이다.

얼마 전까지만 해도 공대 교과목들은 수학이나 과학과 관련된 이론 과목이 중심이었지만, 최근 들어 실험 실습과 설계 등 실용적인 과목이 강조되고 있다. 공대의 교육 과정은 다른 학문 분야와 달리 이론과 실험실습, 설계 등의 과목이 서로 조화를 이루어야 한다는 측면에서 바람직한 변화라고 할 수 있다. 현재 많은 대학에서 시행되고 있는 공학 인증 프로그램에 대해서 간략히 소개하고, 공학 전공에서 개설되고 있는 캡스톤 설계라는 종합 설계 교과목에 대해서 설명한다.

공학 인증

공학 인증 제도는 대학에서 공학 교육의 발전을 꾀하고 실력 있는 엔지니어를 배출하기 위해 만들어진 제도다. 우리나라는 공학교육인증 국제 협의체인 워싱턴 어코드Washington Accord에 가입되어 있어서 공학 인증 프로그램을 이수한 공대의 졸업생이라면 국제적으로 동등한 공학사 자격을 인정받을 수 있다.

공학 인증 제도는 공학 교육의 학습 성과로, 다음 표와 같은 열 가지 능력을 제시하고 있다. 이 책에서 제시하고 있는 수학, 과학, 모델링, 실험 능력을 비롯해서 특별히 설계 능력을 강조하고 있다. 여기에 더해 협동 능력과 의사소통 능력, 사회 공감 능력과 자기주도 학습 능력 등도 모두 설계를 위해서 꼭 키워야 할 능력이다.

공대 졸업생이 갖추어야 할 능력(학습 성과)

1 수학과 과학 지식을 응용할 수 있는 능력(수학/과학 응용 능력)

2 공학 문제를 정의하고 공식화할 수 있는 능력(모델링 능력)

3 데이터를 분석하고 실험을 수행할 수 있는 능력(실험 수행 능력)

4 최신 기술과 적절한 도구를 활용할 수 있는 능력(도구 활용 능력)

5 현실적 제한 조건을 고려하여 설계할 수 있는 능력(설계 능력)

6 구성원으로서 팀 성과에 기여할 수 있는 능력(협동 능력)

7 효과적으로 의사소통할 수 있는 능력(의사소통 능력)

8 보건, 안전, 경제, 환경, 지속 가능성과의 연관성을 이해하는 능력(사회 공감 능력)

9 직업윤리와 사회적 책임을 이해할 수 있는 능력(윤리 의식)

10 자기 주도적으로 평생 학습할 수 있는 능력(자기 주도 학습 능력)

캡스톤 설계

공학 인증 제도가 시행되어 설계 교육이 강조되면서 대학별로 공학설계입문, 기초설계, 설계론 등의 과목이 추가되었고, 공대 내 전공에 관계없이 공통으로 '캡스톤 설계'라는 과목이 개설되었다. 캡스톤 설계는 대학에 따라서 창의설계, 창의공학설계, 종합설계, 캡스톤디자인 등 다양한 이름으로 불리는데, 이름이 어떻든 스스로 문제를 설정하고 이를 해결하기 위해 솔루션을 제시하는 종합적인 설계 교과목이다.

캡스톤capstone이란 원래 집을 지을 때 지붕이나 담 위에 마지막으로 얹는 머릿돌을 가리킨다. 집을 지을 때 마무리를 하듯이, 캡스톤 설계는 설계부터 제작, 실험, 평가에 이르기까지 그동안 배운 일련의 공학 설계

역량을 모두 아우르는 교과목이다. 공대 내 전공 분야에 따라 하드웨어를 중심으로 하든 소프트웨어를 중심으로 하든, 캡스톤 설계 수업을 통해 공대생들은 창의적 종합 설계 능력이 어떤 것인지를 배우게 된다. 일반적인 공학 설계 과정을 익히고 현장에서 부딪히는 문제 해결 능력을 키우기 위해 이전에 해오던 졸업논문을 대신하여 기획부터 제작까지 이어지는 과정들을 학생들이 직접 수행한다. 프로젝트는 대개 팀 단위로 이루어지며 창의력, 팀워크, 리더십 양성 등에 많은 도움이 된다. 그러므로 전공 이론 교육과 실험 실습 교육을 거의 마치는 4학년 때 필수 과목으로 이수하게 된다.

2
공학 설계 과정

　기계공학자는 역학적 지식을 바탕으로 기계 부품을 설계하고, 전자공학자는 전자기 지식을 이용하여 전자회로를 설계하며, 토목공학자는 구조물에 대한 경험을 바탕으로 각종 시설물을 설계한다. 이러한 개별 엔지니어들의 창의적인 설계 활동을 통해서 공학적인 해결 방안이 제시되고 사회적인 기술 혁신으로 이어진다. 전공에 따라서 대상과 설계 방법은 다를지라도 설계 과정은 모두 다음과 같은 절차에 따라서 이루어진다.

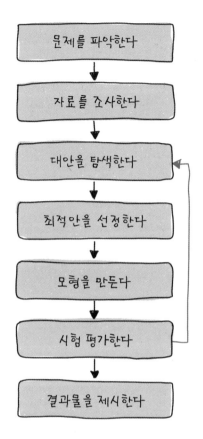

문제를 파악한다

설계 과정에서 가장 먼저 해야 할 일은 문제가 무엇인지 파악하는 일이다. 시험 문제를 풀 때도 마찬가지다. 문제가 무엇인지 또는 출제자의 의도가 무엇인지 알면, 일단 절반은 풀었다고 볼 수 있다. 엔지니어는 설계에 앞서 어떤 문제를 해결하려는 것인지, 그 결과로 무엇을 달성하려는 것인지, 문제의 핵심과 목적을 정확히 이해해야 한다. 이 과정에서 중요한 것이 문제 해결을 요구하는 수요자와 엔지니어 사이의 의사소통이다. 공학 설계의 수요자란 제품이라면 소비자고, 건설 공사라면 공사 발주자다. 엔지니어는 수요자, 즉 고객의 니즈를 명확하게 파악하고, 개선한 이후의 상태를 보여주는 목표값도 구체적으로 제시할 수 있어야 한다. 엔지니어는 수요자가 제시한 문제를 다양한 각도에서 바라보고 여러 가지 질문을 던짐으로써 문제의 핵심에 다가갈 수 있다.

자주 넘어지는 문제를 개선하여 더욱 안전한 사다리를 만들려고 하는 경우를 생각해보자. 우선 '안전한 사다리'라는 추상적인 목표를 구체화할 필요가 있다. 사다리에서의 안전성을 어떻게 정의할 것인가? 어디에 쓸 사다리인가? 어느 정도의 무게까지 견뎌야 하는가? 어느 정도 높이까지 닿을 수 있어야 하는가? 사다리는 휴대용인가? 고객이 원하는 최적의 가격은 얼마인가? 등의 다양한 질문이 목표를 구체화하는 데 도움이 된다.

대부분의 공학 문제는 복합적으로 얽혀 있기 때문에 문제를 정확하게 파악하는 것이 생각만큼 쉽지 않다. 더욱이 현실적인 한계와 제한 조건을 파악하는 것도 중요하다. 현실에서는 문제를 해결하는 데 시간이나 돈이 무제한으로 주어지지 않는다. 항상 제한된 예산 범위 내에서 주어진 기간 안에 마무리되어야 한다. 이러한 제한 조건에는 예산과 시간 말고도 공간적인 제약, 기후적인 조건, 사회적인 장해 요인 등 여러 가지가 있다.

자료를 조사한다

문제를 파악한 다음에는 필요한 자료들을 조사한다. 자료 조사에는 관련된 특허나 신기술을 조사하는 특허 조사, 수요 예측이나 경제 동향을 파악하는 시장 조사, 유사한 개발이나 기존 사례를 조사하는 국내외 사례 조사를 비롯해서 기술 논문 조사, 통계 조사, 설문 조사 등이 있다. 또 제품이나 프로젝트에 영향을 미칠 수 있는 법규와 산업표준, 그리고 환경법 규 등도 미리 조사한다. 건축이나 토목 설계와 같이 주변 자연환경에 영향을 미칠 수 있는 경우에는 기후환경 조사나 환경 영향 평가를 수행한다.

어느 지역의 교통 체증을 해소하기 위해 강을 가로지르는 다리를 놓으려고 한다. 엔지니어들은 공사 기간과 예산 범위 등 현실적인 제한 조건을 면밀히 파악하고, 설계 통행량에 적합한 다리의 형태와 차선의 수 등을 결정하기 위한 자료 조사에 들어간다. 구조 설계에 필요한 자료들, 예를 들어 강물의 깊이와 속도, 강바닥의 지질층과 강변의 지형 구조, 주변의 시간대별 교통 상황, 지진 통계 등 다양한 주변 상황들도 조사한다. 또 안전성과 시공성을 고려해 설계 기준을 검토하고 생태 보전이나 수질 보호와 관련된 법규를 조사한다. 이를 위해서 유사한 규모와 형태로 이미 설치된 다리에 대한 국내외의 설계 사례도 폭넓게 조사하여 참고 자료로 삼는다.

대안을 탐색한다

전체 설계 과정 중에서 가장 핵심적인 단계이고 창의성이 요구되는 단계다. 이전에 개발된 적이 없는 새로운 문제라면 더욱 그렇다. 해결 방안으로 하나의 정해진 답이 있는 것이 아니므로 고정관념을 버리고 일단 생각을 자유롭게 할 필요가 있다. 구체적인 설계에 들어가기 전에 팀원들은 머리를 비운 상태에서 브레인스토밍을 통해 다양한 아이디어들을 이끌어 낸다.

예를 들어 작업장에서 작업 도중 잠깐씩 앉을 수 있는 의자를 설계하려고 한다. 여러 가지 아이디어를 낼 수 있지만, 이 의자는 일단 가볍고 이동에 편리해야 하므로 기존의 접이식 의자, 등받이 없는 의자, 다리가 하나인 의자 등을 변형하는 방법으로 문제를 해결할 수 있을 것이다.

하지만 완전히 새로운 형태의 의자를 원한다면 어떻게 해야 할까? 이때는 백지상태에서부터 생각할 필요가 있다. 의자란 무엇인가? 또 앉는다는 것은 무엇인가? 이렇게 원초적인 질문부터 시작하는 것이다. 의자란 당연히 사람이 앉을 수 있도록 하는 물건이다. 앉는 것은 윗몸을 수직으로 세운 상태에서 엉덩이에 몸무게가 실리게 하여 다리에 걸리는 하중을 줄여야 한다.

또 당연하다고 생각하던 것들에도 의문을 던져본다. 의자 다리는 꼭 네 개여야 할까? 좌우 대칭일 필요가 있는가? 반드시 바닥에 붙어 있어야 할까? 이렇게 엉뚱한 질문을 통해서 기존에 존재하지 않는 새로운 것들을 생각해낼 수 있다. 옮길 수 있

286

는 의자여야 한다면 의자에 바퀴를 다는 방법도 생각할 수 있고, 아예 사람 몸에 의자를 부착하는 것도 상상해볼 수 있다. 이런 과정을 통해 실제로 작업장에서 이동하다가 틈틈이 앉을 수 있는 '의자 없는 의자' 또는 '웨어러블 의자'가 개발된 바 있다. 의자라는 고정관념에 묶여 있으면 생각할 수 없는 새로운 개념의 의자가 탄생한 것이다.

최적안을 선정한다

여러 가지 아이디어 중에서 가장 적합한 해결 방안을 선정하기 위해서는 제시된 방안들을 비교 검토하는 과정이 필요하다. 일단은 엉뚱하더라도 가급적 많은 아이디어를 모으는 것이 중요하다. 아예 불가능한 것은 제외하더라도 가능한 방안들에 대해서는 장단점을 분석한다. 단점이 없는 완벽한 해결책은 있을 수 없으므로 각 방안에 대해서 장점은 어떻게 살릴 것이고 단점은 어떻게 보완할 수 있는가를 생각한다. 각각의 고유한 강점strong과 약점weak을 분석하고, 또 이를 선정했을 때 좋고 나쁜 효과가 나타나는 기회opportunity와 위기threat를 분석한다. 이를 강점과 약점의 첫 글자인 S와 W, 기회와 위기의 첫 글자인 O와 T를 연결하여 스왓SWOT 분석이라고 한다.

스왓 분석은 공학 분야에서만 사용되는 것이 아니라 기업에서 크고 작은 사업을 시작하거나 경영 전략을 세울 때 반드시 거치는 과정이다. 엔지니어는 스왓 분석을 통해서 그동안 제시된 여러 방안들을 비교·검토한 후 하나의 방안을 선정한다. 공학 설계는 정답이 없다. 여러 방안 중에서 최적의 방안을 선택할 뿐이다.

모형을 만든다

최적의 방안이 선정되면 이를 구체화하기 위한 개념 설계를 한다. 개념 설계는 전체적인 구조와 작동 원리를 개략적으로 보여주는 초기의 설계 과정이다. 요구되는 성능·특성과 적용된 과학 원리가 잘 드러나도록 스케치를 하고 아이디어나 설계 개념에 대한 설명을 덧붙인다. 잘 그린 스케치 한 장이면 전체적인 구조를 파악할 수 있고 새로운 영감을 얻을 수도 있다.

개념 설계를 원리적으로 검토하여 큰 틀에서 문제가 없으면 기본 설계를 시작한다. 기본 설계는 실제 부품을 제작할 수 있도록 설계를 구체화하는 것으로 설계도면의 형태로 나타난다. 3차원 실물을 2차원 평면 위에 그려야 하므로 투상도와 등각도 등의 제도 기법을 사용한다. 캐드CAD라고 하는 컴퓨터 지원 설계 툴이나 CAE Computer Aided Engineering 라고 하는 컴퓨터 지원 해석 툴을 쓰면 3차원 형태의 도면을 쉽게 생성하고 분석할 수 있다.

설계도면이 작성되면 그에 따른 적절한 모형을 만든다. 모형이란 실제 실험을 수행하기 위한 실물 모델을 의미하기도 하고, 성능 시뮬레이션을 하기 위한 컴퓨터 모델을 의미하기도 한다. 모형을 상세한 부분까지 완전하게 만들 필요는 없다. 핵심적인 부분은 포함해야겠지만 전체적인 작동을 확인할 수 있을 정도로 단순화된 모형으로 제작한다. 모형의 재료도 꼭 실물과 같을 필요는 없으며 가공하기 쉬운 나무나 아크릴 등을 많이 사용한다. 요즘에는 3D 프린터를 사용하여 복잡한 형상도 플라스틱으로 쉽게 만들 수 있다.

시험 평가한다

기본 설계에 따라 모형을 제작한 다음에는 모형이 원래 의도한 대로 작동하는지, 예상치 못한 문제는 없는지 전체적인 구조나 작동 상태 등을 시험하고 평가한다. 만일 근본적인 문제가 있다면 다시 브레인스토밍 단계로 돌아가 개념 설계부터 다시 해야 하고, 그 정도가 아니라면 문제가 되는 부분에 대해서 설계를 보완한다. 몸에 부착하는 새로운 개념의 웨어러블 의자를 개발하는 과정에서, 모형을 실제 몸에 부착해보고 앉을 때 구조가 안정적인지, 이동할 때 잘 접히는지 등 기본적인 작동 메커니즘을 테스트한다. 시험 결과에 따라 전체적인 구조를 변경할 수도 있고, 새로운 재질로 바꾸어 문제를 해결할 수도 있다.

모형 실험에서 근본적인 문제가 없으면 관련된 변수를 변화시키면서 최적의 설계 변수를 찾아가는 최적화 작업을 한다. 직접 실물의 크기를 바꾸면서 테스트할 수도 있지만, 많은 경우 시뮬레이션을 통해서 최상의 결과를 가져올 조건을 찾는다. 의자 다리의 굵기가 너무 굵으면 무거워지고 가늘면 무게를 지탱할 수 없기 때문에, 적정한 타협점을 찾아내야 한다. 그렇지만 다양한 굵기의 의자 다리를 일일이 만들어 시험하려면 시간과 비용이 너무 많이 든다. 이럴 때 앞서 설명한 수학적 모델링을 이용하면 크기나 재질 등 관련 변수를 쉽게 변화시키면서 시뮬레이션을 해볼 수 있다. 엔지니어는 이렇듯 설계 변수를 변화시키면서 모형 실험과 시뮬레이션을 반복하고, 최적의 설계 조건을 찾아낸다. 다음으로 최적의 설계 조건에 맞춰 설계도면을 변경하고 수정된 모형을 제작하는 작업이 이어진다.

설계란 결국 현실적인 모순을 해결하는 과정이다. 모순이란 한 가지 특성을 개선하려고 하면 다른 특성이 악화되는 갈등 상황을 말한다. 다리가 너무 굵으면 무겁고 가늘면 약할 수 있는 것처럼, 대부분의 공학 문제에는 상반되는 모순이 존재하게 마련이다. 모순을 해결하는 창의적인 문제 해결 방법 가운데 트리즈Triz 방법론이 있다. 트리즈에 관해서는 뒤에서 다룰 것이다.

결과물을 제시한다

공학 설계의 최종 결과물은 설계도면이다. 테스트와 수정 작업을 거치면서 설계안을 확정한 다음에는 상세 설계를 하고 설계도면을 완성한다. 설계도면은 아이디어부터 구체적인 해결 방안까지 보여주는 가장 효과적인 커뮤니케이션 수단이다. 설계도면은 가공 방법과 표면 처리 등 제작과 생산에 필요한 구체적인 정보까지 포함한다. 따라서 설계도면은 누구나 알아볼 수 있도록 세계 공통의 글로벌 표준에 맞게 작성되어야 한다. 엔지니어는 프로젝트를 마무리하면서 설계도면과 함께, 필요한 경우 최종

순위	고용주가 요구하는 엔지니어 능력	공학인증 관련 항목
1	효과적인 의사소통 능력	6(협동), 7(소통)
2	직업적인 책임감과 윤리의식	8(공감), 9(윤리)
3	실험 계획과 수행 능력	3(실험), 4(도구 활용)
4	현실적인 설계 능력	5(설계)
5	공학문제 공식화 능력	1(수학/과학), 2(모델링)

설계안에 대한 구두 발표를 하거나 기술 보고서를 제출하기도 한다.

사람들은 엔지니어라고 하면 실험실에 틀어박혀 자신의 세계에 푹 빠져 있는 모습을 떠올리는 경우가 많다. 그렇지만 사실 엔지니어에게 자신의 생각과 아이디어를 효과적으로 전달하는 커뮤니케이션 능력은 매우 중요하다. 처음 문제를 제기하고 정의하는 단계부터 최종적으로 해결 방안을 발표하는 마지막 단계에 이르기까지 발주자와 설계자, 엔지니어와 사용자, 그리고 팀원들 사이에서 원활한 커뮤니케이션이 이루어지지 않으면 엉뚱한 결과가 나올 수 있다.

최근 설문 조사에 따르면 고용주가 요구하는 엔지니어의 능력으로 효과적인 의사소통 능력을 첫 번째로 꼽고 있다. 그 뒤를 이어 직업적 책임감, 실험계획과 수행능력, 현실적인 설계능력, 그리고 공학문제의 공식화 능력 순으로 나온다. 그만큼 현장에서는 수학, 과학, 실험 등 다른 어떤 능력보다 의사소통 능력을 중요하게 생각한다는 의미다.

3
창의적 기법

지금까지 공학 설계 과정을 소개했다. 설계를 처음부터 끝까지 수행하는 과정에서 수학적 모델링과 시뮬레이션, 모델 제작과 시험 평가, 자료 분석과 커뮤니케이션 등 여러 가지 능력이 필요하다. 그런데 이 중에서 가장 핵심이라고 할 수 있는 것은 창의력이다. 창의력은 설계의 매 단계에서 필요하며, 특히 기본적인 아이디어와 대안을 도출하는 과정에서 창의적인 발상은 매우 중요하다. 여기서는 집단적인 창의 발상 회의 기법인 브레인스토밍과 아이디어 발굴 기법인 스캠퍼를 소개한다.

브레인스토밍

브레인스토밍brain+storming 이란 뇌를 뜻하는 '브레인'과 폭풍을 뜻하는 '스토밍'이 합쳐진 말이다. 뇌를 폭풍처럼 휩쓸어버리듯 기존에 가지고 있던 고정관념을 날려버리고 머리를 비운 상태에서 새롭게 생각하자는 의미를 담고 있다. 여러 분야에서 다양하게 활용되고 있어서 사람들은 창의적인 아이디어를 만들어내기 위한 학습 도구이자 회의 기법의 대명사로 브레인스토밍을 떠올린다. 브레인스토밍은 여러 사람이 다양한 아이디어들을 끄집어내면서 자연스럽게 문제에 대한 해답을 찾아가도록 한다. 따라서 브레인스토밍 기법이 효과를 내기 위해서는 자발적이고 적극적인 회의 참여가 필요하다. 이를 위해 몇 가지 원칙이 있다.

첫째, 다양한 발상을 유도한다. 아이디어가 좋고 나쁨은 나중에 판단할 수 있기 때문에 일단은 가능한 한 많은 아이디어를 끄집어내는 것이 필요하다. 양적으로 풍성할 때 좋은 아이디어가 나올 확률이 높다. 둘째, 비판이나 비난을 자제한다. 설령 엉뚱하고 황당한 의견을 내더라도 비판하지 말고 격려하는 분위기 속에서 자유롭게 아이디어를 확장해나갈 수 있다. 셋째, 독특한 아이디어를 환영한다. 평범하고 잘 알려진 것은 스스로 거부하고 당연한 것들을 오히려 의심함으로써 새로운 생각을 만들어낼 수 있다. 넷째, 아이디어들을 조합해서 개선한다. 도출된 아이디어들을 서로 연계시킴으로써 단순 합산 이상의 뛰어난 성과를 얻을 수도 있다.

스캠퍼 기법

지금까지 설명한 브레인스토밍이 일반적인 회의 기법이라면, 스캠퍼는 구체적인 아이디어 발굴 기법이다. 스캠퍼SCAMPER는 제품이나 프로세스 등 새로운 것을 설계하기 위한 아이디어 발상법으로, 미국의 광고 전문가인 알렉스 오스본Alex Faickney Osborn이 제안한 기법이다. 스캠퍼는 영어로 Substitute(대체), Combine(결합), Adapt(적용), Modify(변형), Put to other uses(용도 변경), Eliminate(제거), Reverse(역발상)의 첫 글자를 따서 만든 약자다.

대체하기Substitute

기존에 사용하던 것을 새로운 것으로 바꿔보는 방법이다. 무게를 줄이고 간편한 사용을 위해 유리컵의 재질을 종이로 바꾸고, 환경오염을 생각하여 비닐봉투를 천연 재료로 대체한다. 또 핸드폰 충전 배터리를 솔라셀로 바꾸고 밥을 건빵으로 대체하는 것 등이다. 재질이나 용도뿐 아니라 순서, 성분, 역할, 시간, 장소 등을 다른 것으로 바꿔본다. 도시락 통의 예를 들면, 유리로 만들어 내용물이 보이게 한다거나 종이로 바꾸어 가볍게 만든다. 또 모양을 바꿔 원기둥이나 피라미드 모양의 도시락 통을 만든다.

결합하기Combine

두 가지 이상의 것을 결합하여 새로운 것을 만들어본다. 서로 유사한 것을 합칠 수도 있고 반대되는 것을 합칠 수도 있다. 서로 연관된 것일 수도 있고, 전혀 관련이 없는 이질적인 것일 수도 있다. 필기에 필요한 쓰는 기능과 지우는 기능을 합쳐서 연필에 지우개를 결합한 하나의 제품으로 만들거나, 문서 작업이라는 공통 기능을 수행하는 복사기와 스캐너를 결합하여 새로운 제품을 만든다. 함께 들고 다니는 핸드폰과 지갑을 결합하고, 전혀 관계없어 보이는 핸드폰과 옷을 결합해본다. 또 도시락 통을 예로 든다면 연필통이나 라디오와 결합하거나 심지어 도시락에 게임기나 소형 냉장고를 결합한다. 또는 랩톱 컴퓨터와 결합하여 도시락 한 면을 모니터로 활용한다. 황당해 보이지만 상상은 자유다.

적용하기Adapt

기존에 특정 용도로 사용하던 제품을 다른 목적과 조건에 맞도록 응용하고 새롭게 적용해본다. 종이를 자르는 가위를 음식을 자르는 부엌용으로 사용한다. 우리에게는 익숙하지만 외국인들에게는 완전히 새로운 적용이다. 담쟁이넝쿨이 담을 넘어가는 형상을 보고 철조망을 생각하거나, 엉겅퀴의 작은 섬모가 갖는 접착 기능을 응용해서 벨크로라는 찍찍이를 개발하는 것과 같이 자연에서 영감을 얻어 신제품 개발에 적용하기도 한다. 자체 설거지 기능을 추가한 도시락 통을 만들거나, 도시락 통을 고무공으로 만들어 점심 식사 후 농구공으로 사용하는 것은 어떨까?

변경, 확대, 축소하기Modify

크기, 강도, 무게, 형태 등 각종 특성이나 모양을 변형하거나 축소 확대한다. 사무실에서 사용하던 컴퓨터를 휴대할 수 있도록 노트북으로 개발하고, 선풍기를 들고 다닐 수 있도록 작고 가벼운 충전식 '손풍기'를 만든다. 또 가정용 공기청정기를 어마어마한 대용량으로 만들어 도심에 설치함으로써 도시 공기를 정화할 수 있도록 한다. 바쁜 사람을 위해 세 끼를 한꺼번에 담을 수 있는 대형 도시락 통, 군인을 위한 철제 도시락 통, 가방에 잘 들어가도록 얇은 도시락 통을 만든다.

다른 용도로 사용하기Put to other uses

원래의 용도가 아닌 다른 용도로 사용한다. 이동수단인 자동차를 개조해서 숙박을 할 수 있도록 캠핑카를 개발한다. 또 의자에 바퀴를 장착하여 장애인용 휠체어를 만들고 여행용 가방에 바퀴를 붙여 공항 내에서 이동수단으로 활용한다. 빵 반죽을 부풀리는 베이킹파우더를 청소용 세제로 활용하고, 담배나 백반을 벌레 퇴치제로 활용한다. 또 신문지를 포장재로 활용하는 등 원래의 목적과 다른 용도로 사용하는 생활의 지혜는 주변에 수없이 많다.

제거하기Eliminate

부품이나 기능의 일부를 제거하면 새로운 제품을 만들 수 있다. 결합하는 것도 새로운 아이디어가 될 수 있지만, 반대로 있던 것을 없애는 것도 좋은 아이디어가 될 수 있다. 제거함으로써 사용을 편리하게 하고 하나의 기능에 충실하게 만들 수 있다. 전화기의 선을 없애 무선통신 전화기를 만들고 핸드폰의 이어폰 줄을 제거한 블루투스 제품을 만든다. 또 복잡한 리모컨의 단추를 대폭 제거하고 디자인을 단순화해서 새로운 제품을 만든다.

	새로운 도시락 통의 발명
Substitute(대체)	도시락 통을 유리로 만들어 내용물을 보이게 한다
Combine(결합)	도시락 통과 필통을 결합한다
Adapt(적용)	도시락 통을 고무공으로 만들어 농구공으로 쓴다
Modify(변형)	하루 세끼를 모두 해결할 수 있도록 크게 만든다
Put to other uses (용도 변경)	도시락 통을 조리기구로 활용한다
Eliminate(제거)	도시락 통 내부 반찬통을 없앤다
Reverse(역발상)	도시락 통 안쪽에서 음식물을 데울 수 있도록 한다

역발상하기 Reverse

발상을 달리해서 순서, 위치, 기능, 모양 등을 거꾸로 하거나 재정렬한다. 원인과 결과, 위아래의 모양, 안과 밖의 위치 등을 바꿔 새로운 제품을 만든다. 김밥 재료의 순서를 바꿔 누드 김밥을 만든다거나 라면 국물은 빨개야 한다는 고정관념을 버리고 하얀 라면을 만든다. 냉장고의 냉동 칸과 냉장 칸의 위치를 바꿔서 냉동 칸을 위쪽에 냉장 칸을 아래쪽에 배치한다. 접착력이 좋지 않은 접착제를 역이용해서 쉽게 떼었다 붙였다 할 수 있는 포스트잇을 만든 것도 좋은 예가 된다.

창의력 계발

산업 발전과 함께 개발된 각종 기계는 사람이 하던 일을 하나둘씩 대신하면서 우리 생활을 편리하게 만들어 주었다. 19세기 산업혁명 이후 증기기관을 비롯한 열기관은 힘든 육체노동을 대신하였고, 자동 기계는 지루한 사무 작업을 실수 없이 수행해왔다. 반면 삶은 편해졌지만, 새로운 기계가 나올 때마다 불안감은 커지고 있다. 기계가 인간의 능력을 넘어서 그동안 인간이 하던 일을 모두 빼앗아가지 않을까 우려하기 때문이다. 연산 능력은 인간이 전자계산기를 따라가기 어렵고, 암기력은 저장 용량이나 정확도 측면에서 컴퓨터 메모리와 비교가 되지 않는다. 이제 인공지능 기술의 발달로 음성 인식이나 영상 인식이 가능해지면서 독해력, 어휘력, 작문 실력까지도 하나씩 둘씩 도전받고 있다. 번역기가 문서를 번역하고 기사 작성 앱이 일상적인 신문 기사를 쓰는 것이 더 이상 이상한 일이 아니다. 앞으로 새로 나올 기계들은 좀 더 많은 분야에서 인간 능력을 넘어서서 우리가 하던 일을 대체할 것이 분명하다.

하지만 사고력과 감성 그리고 창의력은 인간 고유의 영역이다. 컴퓨터나 인공지능으로 대체하기 어려운 이러한 능력들은 모두 컴퓨터 알고리즘화하기 어렵다는 특징이 있다. 그런 의미에서 창의력을 일반화하고 정형화할 수 없다는 것이 다행인지도 모르겠다. 만일 창의력을 정형화된 알고리즘에 따라 키워나갈 수 있다면, 아마도 인공지능이 우리보다 훨씬 잘할 것이기 때문이다.

앞서 설명한 브레인스토밍이나 스캠퍼 기법은 창의적인 사고 습관을 들이고 아이디어를 도출하는 데 많은 도움이 된다. 하지만 이 방법들 역시 정해진 틀이라 볼 수 있기 때문에 그대로 따라 한다고 반드시 창의력이 키워지는 것은 아니다. 지금까지 창의력을 키울 수 있는 많은 방법이 제시되었지만 성공한 예는 없다. 창의력을 기를 수 있는 방법을 딱히 제시할 수 없는 것은 안타깝지만, 비상하게 창의력을 발휘한 사람들의 생각이나 행동을 엿보면 힌트를 얻을 수 있다.

스티브 잡스는 창의적인 발상을 위해 종종 직원들과 산책하면서 회의를 했다고 한다. 창의적인 생각은 머리에서 나오지 않고 몸에서 나온다고 생각해서 가볍게 산책하며 머리와 몸을 함께 쓰도록 한 것이다. 그런가 하면 빌 게이츠는 여행을 가거나 책 또는 그림의 세계로 들어가 익숙한 일상에서 벗어나고자 노력했다. 특히 1년에 한두 번은 가족도 만나지 않고 외부와 단절한 채 '생각하는 주간'을 가졌다고 한다. 자기 자신과 만나는 시간을 갖기 위해서다. 이처럼 아무 일도 하지 않고 혼자 상상의 날개를 펴면서 떠오르는 생각을 메모하거나 아무 생각 없이 가만히 있는, 일명 '멍때리기'는 창의력을 높이는 데 도움이 될 수 있다.

창의력을 키우는 구체적인 방법이 있는 것은 아니지만 관심을 가지고 지속적으로 노력하면 누구나 충분히 계발할 수 있다. 사고력이나 창의력은 머리 근육을 발달시키는 일이다. 팔다리 근육을 발달시키기 위해 적절한 식단을 챙기고 꾸준히 운동하듯이 머리 근육을 발달시키려면 지속적으로 노력해야 한다. 다르게 생각하기, 놀면서 생각하기, 자유롭게 상상하기 등 고정관념과 기존의 틀을 깨며 과감하게 도전하고, 설령 실수를 한다 해도 실수에서 배운다는 자세로 용기 있게 극복하며 자신의 방식대로 창의력 키우기에 도전하기 바란다.

4

설계도면

엔지니어의 세계에는 '한 장의 도면이 백 마디의 말보다 낫다'는 말이 있다. 시각적인 방법을 통해 훨씬 정확하고 분명하게 아이디어를 전달할 수 있기 때문이다. 설계도면은 제품의 형상과 치수를 비롯해서 재질이나 제작에 필요한 상세한 정보들을 제공한다. 여러 사람들과 공유해야 하므로 오해의 여지 없이 명확하게 소통하기 위해서 도면을 작성하는 데 일정한 규칙이 만들어져 있다. 엔지니어들은 설계도면을 작성하거나 이해하기 위해 도면 작성 방법과 기호들을 익힌다. 물론 처음부터 상세한 도면을 작성하는 것은 아니다. 앞서 공학적 설계 과정에서 설명했듯이 설계 초기에는 아이디어 스케치를 하고, 아이디어에 살이 붙고 구체화되면서 점점 더 상세한 설계도면을 완성해간다.

설계 스케치

레오나르도 다빈치는 앞에서 설명한 바와 같이 과학자로서 인체나 하늘의 별들을 관찰한 실험 노트를 많이 남겼지만, 엔지니어로서 펌프, 수레, 날틀, 석궁, 악기 등 기계장치를 설계한 스케치들도 많이 남겼다. 지금 봐도 기발한 것들이 많고 요즘 우리가 사용하는 것과 유사한 것들도 많다. 아이디어도 아이디어려니와 과학적인 원리를 꿰고 있지 않으면 도저히 그릴 수 없는 스케치들이다. 게다가 입체 감각이나 그림 실력도 대단하다. 스케치는 엔지니어들이 자신의 아이디어를 표현할 수 있는 가장 좋은 방법이다. 설계 스케치는 입체 형상을 있는 그대로 담백하게 표현하기 위해 주로 펜이나 연필을 써서 선으로 그린다. 손 그림을 잘 그린다는

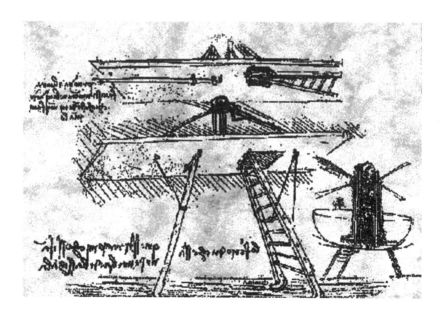

다빈치의 헬리콥터 착륙 기어

것은 누구에게나 큰 자산이다.

우리나라의 대표적인 실학자 정약용(1762~1836) 역시 대단한 발명가였다. 그는 거중기나 녹로와 같은 기계장치, 화성과 같은 도시계획, 그리고 강을 건너는 배다리 공정 등에 관한 다양한 설계도를 남겼다. 서양과 다른 필기구를 쓰기 때문에 느낌은 다르지만, 표현 방식에 있어서만큼은 멀고 가까움을 구별하는 입체적인 표현을 하고 있다. 특히 배다리 설계도나 정조 화성 행차도를 보면 소실점이 있는 원근법에 의한 그림이라는 것을 한눈에 알아볼 수 있다. 다산의 저서 《어유당 전서》에는 '칠실파려안漆室玻璨眼'이라는 말이 나오는데, '칠실漆室'은 어두운 방, '파려玻璨'는 유리, '안眼'은 눈 또는 보다라는 뜻이므로 '캄캄한 방에서 유리를 통해서 본다'라는 의미다. 즉 카메라 전신인 카메라 옵스큐라camera obscura, 일명 바늘구멍

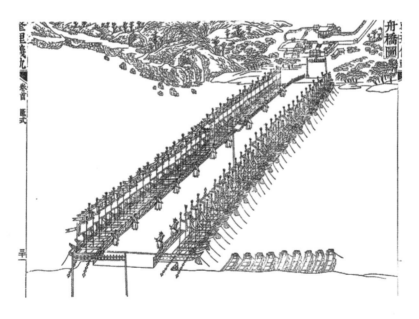

정약용의 배다리 설계도

사진기를 가리키는 말이다. 당시에 이미 작은 구멍을 통해서 빛을 통과시키면 반대쪽에 외부의 풍경이 거꾸로 투사되는 현상을 이해하고 있었던 것이다.

건축가들 역시 설계 초기에 스케치를 하면서 설계 개념을 잡곤 한다. 거장일수록 아이디어를 스케치하는 작업에 집중하고 세부적인 설계도면 작성은 건축 제도사들에게 맡긴다. 안토니 가우디Antoni Placid Gaudi(1852~1926)는 독특한 설계로 저명한 스페인의 건축가다. 그가 설계한 건축물은 외부 구조가 아름답고 내부 공간과 기능이 조화를 이루면서 사람들에게 큰 감동을 주고 있다. 특히 내외부를 아우르며 물결치는 듯한 곡선을 사용한 카사밀라 연립주택은 매우 특별한 건축물이다. 사그라다 파밀리아(성가족) 성당은 스케치부터 모형 제작뿐 아니라 건축 감독까지 가우디가 직접 맡았다고 한다. 아직도 공사 중인 이 성당을 보기 위해 관광객들이 끊임없이 바르셀로나를 찾고 있다.

가우디의 카사밀라 연립주택

투상도와 등축도

설계도면은 3차원 물체를 2차원 평면상에 표현하는 것이다. 대표적인 방식으로 투상도와 등각도가 있다. 물체를 세 방향에서 바라본 모양을 각각 그린 것을 투상도라고 한다. 투상도 중에서 평면에 직각 방향으로 투사하여 그리는 것을 정투상도라 한다. 정투상도는 물체를 바라보는 방향에 따라서 평면도, 정면도, 측면도로 나뉜다. 정면도는 물체의 특징을 가장 잘 나타낼 수 있는 정면에서 바라본 모양이고, 평면도는 위에서 아래로 내려다본 모양, 그리고 측면도는 정면도를 기준으로 왼쪽 또는 오른쪽에서 바라본 모양이다. 측면도의 방향에 따라서 1각법과 3각법으로 나뉜다.

공간을 $x-y$ 두 개의 직각좌표로 4등분할 때 오른쪽 위 공간을 1사분면, 이를 기준으로 반시계 방향으로 돌면서 2사분면, 3사분면, 4사분면이라 한다. 1각법은 물체를 1사분면에 놓고 정투상하는 방법이고, 3각법은 물체를 3사분면에 놓고 정투상하는 방법이다. 1각법의 투상면은 물체가 물체를 보는 눈의 반대 방향에 있고, 3각법의 투상면은 물체가 물체를 보는 눈과 같은 방향에 있으므로 3각법을 활용할 때 도면을 이해하기 쉽다. 따라서 한국산업규격^{KS}에는 기계제도 도면을 그릴 때 원칙적으로 3각법을 사용하도록 규정하고 있다. 1각법은 주로 토목이나 선박을 제도할 때 쓰인다.

물체의 외형선은 한 면의 테두리나 두 면의 교차선을 나타내며 실선으로 그린다. 물체 안쪽이나 반대쪽에 있어서 보이지 않는 선을 숨은선이라고 하며 점선으로 그린다. 물체의 중심을 나타내는 선을 중심선이라 하고, 보통 1점 쇄선으로 표현한다.

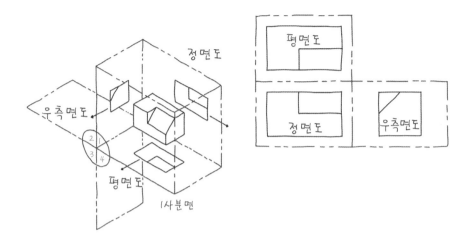

1각법에 의한 투상도

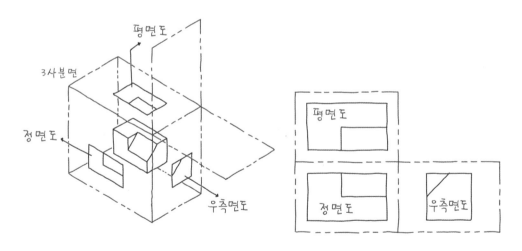

3각법에 의한 투상도

305

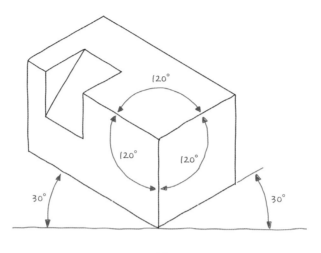

등축도

입체 형상을 표현하는 또다른 방식으로 등축도isometric drawing가 있다. 다른 말로 등각 투상도라고도 하며, 부품 매뉴얼이나 카탈로그 등 일상에서 흔하게 볼 수 있다. 등축도는 하나의 투상면에 세 면을 동시에 볼 수 있도록 표현한다. 밑면의 모서리 선은 수평선과 30도를 이루며, 세 축이 120도의 등각(같은 각도)이 되도록 그린다. 등축도는 물체의 전체적인 모습을 이해하는 데 도움이 되지만, 하나의 등축도에 모든 치수나 숨은선을 표현하기는 어렵다. 복잡한 내부를 가진 물체는 외부에서 보는 것만으로 정확하게 이해하기 어려울 때가 있다. 이럴 때는 단면도sectional views가 사용된다. 물체를 가상으로 절단한 단면을 그려 물체 내부의 보이지 않는 부분을 보여준다.

컴퓨터 지원 설계

이전에는 설계도면을 제도판 위에서 종이에 직접 먹물로 그렸지만, 이제는 캐드를 이용해 컴퓨터로 작업한다. 캐드는 설계 작업을 도와주는 소프트웨어를 비롯한 일체의 컴퓨터 기반의 설계 도구를 말한다. 캐드를 사용하면 설계도면을 작성하고 수정하는 것부터 3차원 모델을 만들고 분석하는 작업까지 가능하다. 설계도면을 데이터베이스화하여 파일로 공유함으로써 설계 단계부터 생산 조립에 이르는 전 과정에 걸쳐서 다른 엔지니어들과 공동 작업을 할 수 있다. 최근 소프트웨어는 성능이 좋아져서 해석 툴인 CAE Computer Aided Engineering와 연동하여 구조해석, 열해석, 전기해석 등 다양한 공학해석까지 가능하며, 컴퓨터 지원 생산 시스템인 CAM Computer Aided Manufac-turing과 연동시키면 제작 과정으로 직접 연결시킬 수 있다.

캐드 소프트웨어는 기본적으로 그리고자 하는 모양을 직선이나 원 등의 요소들을 써서 화면상에 입력하고, 완성된 설계도면을 프린터나 플로터plotter로 출력하는 것이 주된 기능이다. 참고로 플로터란 부착되어 있는 플로터 펜을 움직이면서 큰 도면 등을 그리는 기계를 말한다. 캐드가 처음 등장했을 때는 2차원 설계도면만 그릴 수 있었지만, 지금은 부품이나 물체를 입체로 인식할 수 있는 3차원 모델링 기법을 구사한다. 캐드에 사용되는 3차원 모델링 기법으로는 와이어 프레임이나 서피스 모델링, 솔리드 모델링 기법 등이 있다.

와이어 프레임은 철사 같은 와이어를 써서 3차원 형상을 구현하는 방식이다. 공간상에서 모서리 점들을 지정하고 이들을 직선이나 곡선을 연

와이어 프레임 모델링

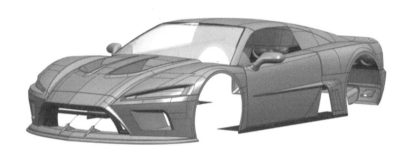

서피스 모델링

솔리드 모델링

결한다. 최소의 정보만 가지고도 3차원 형상을 구현할 수 있기 때문에 저장 용량이 적고 물체를 빠르게 모델링할 수 있다는 장점이 있다. 하지만 물체에 대한 실체감이 없고 복잡한 형상에 대해서는 형체를 정확하게 판단하기 어려운 것이 단점이다.

서피스 모델링은 물체를 이루고 있는 표면을 모델링하는 방식이다. 와이어 프레임으로 만든 모델 위에 껍질을 씌워놓은 형태로 속은 빈 공간으로 인식된다. 부드러운 곡면을 따라 표면 가공작업을 위한 경로를 생성하는 데 적합하다. 반면 표면적 등 표면에 대한 정보는 들어 있으나, 중량이나 관성 등 부피에 대한 물성치가 없어 해석용으로는 사용할 수 없다.

솔리드 모델링은 가장 진보된 방식으로, 표면을 이용하여 특정 영역을 지정해 그 영역에 대한 부피를 정의하는 방식이다. 표면을 경계로 하여 내외부의 정보를 모두 가지고 있어서 메시mesh(격자)를 생성한 후 질량이나 부피, 질감 등 물성치를 부여하여 물리적인 해석을 할 수 있다. 솔리드 모델링은 제작 전에 부품을 미리 시각화함으로써 컴퓨터상에서 부품 사이의 연관성을 살피고 서로 간섭이 일어나는지 검토할 수 있으며, 가공 상태를 미리 예측할 수 있다. 또한 물체의 3차원 정보로부터 정면도나 평면도 등 2차원 도면을 자동으로 생성하는 기능도 가지고 있어 매우 편리하다. 현재 대부분의 캐드 소프트웨어는 솔리드 모델링을 기본으로 하고 있다.

현재까지 많은 3차원 캐드 소프트웨어가 개발되어왔다. 간단한 도면작성이 가능한 프리웨어부터 전문적인 공학 해석이 가능한 고가의 소프트웨어까지 다양하다. 대부분 통합된 그래픽 유저 인터페이스GUI에서 편리하게 작업할 수 있도록 만들어져 있다. 예술 디자인용 3D CG는 공학용 캐드와 구별되는데, 영화 제작을 위한 컴퓨터 애니메이션이나 게임 제작을 위한 가상현실 구현에 적합하도록 진화된 것이다. 공학 설계용은 물체의 성질, 치수, 공차뿐 아니라 생산 과정에 필요한 정보를 입력하고 시뮬레이션하는 것도 가능하다. 여기서 공차란 실험할 때 오차와 비슷한 개념으로, 표시된 치수에 얼마나 가깝게 만들어야 하는지 알려주는 수치다. 미세한 공차의 차이에 따라 체결 상태가 달라진다. 체결하는 방식에 헐거운 끼워맞춤, 중간끼워맞춤, 억지끼워맞춤 등이 있고 그에 맞는 공차가 따로 정해져 있다.

오토캐드AutoCAD는 캐드 소프트웨어의 원조다. 1982년에 처음 개발되었으며, 지금까지 기계, 건축 등 다양한 분야에서 널리 사용되고 있다. 오토캐드는 원조답게 그동안 파일 형식을 표준화하고 캐드의 발전을 주도해왔다. 최근에는 오토캐드 말고도 사용자의 편리성이나 기능면에서 우수한 소프트웨어들이 많이 나와 있다. 이러한 캐드 소프트웨어 중에는 전문적인 공학 해석을 할 수 있도록 개발된 것들도 많다.

자동차나 항공기 등 일반적인 기계 부품에 대해서는 범용 캐드 소프트웨어를 사용하지만, 건축 설계, 배관 설계, 도로 설계, 교량 설계 등 전문적인 분야에서는 분야에 특화된 전용 소프트웨어가 사용된다. 전용 소프트웨어는 전문 분야를 지원하기 위한 추가 기능과 전문 모듈을 탑재하고 있다.

특히 전자공학 분야에서 회로 설계는 기계부품 설계와는 전혀 다르다. 외형이 중요한 것이 아니라 내부 전기 흐름이나 신호 처리를 설계해야 하기 때문이다. 수천 개의 부품들로 이루어진 복잡한 인쇄회로기판PCB, Printed Circuit Board은 회로 설계 자동화 소프트웨어EDA, Electronic Design Automation나 전자캐드ECAD, Electronic CAD를 이용해서 설계한다. 이러한 소프트웨어는 전자 도면과 회로 다이어그램을 작성할 수 있고 시뮬레이션 기능이 있어서 **PCB**를 설계한 다음 화면상에서 회로의 작동 상태와 전기적 성능을 직접 시뮬레이션해볼 수 있다.

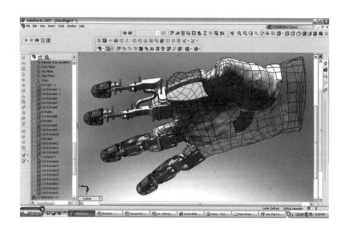

캐드 소프트웨어

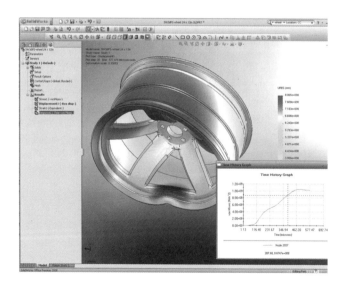

구조해석 소프트웨어

311

5
발명과 특허

공학 설계는 발명으로 이어진다. 발명은 전에 없던 새로운 기계, 물건, 작업 과정 등을 만드는 일이다. 인류 문명은 끊임없는 기술 혁신과 발명을 통해서 발전해왔다. 신이 만든 자연물 이외에 사람이 만든 인공물은 모두 발명품인 셈이다. 이렇게 만들어진 발명품은 인류 역사에 크고 작은 영향을 미쳐왔다. 인류사를 바꾼 위대한 발명품들만 생각나는 대로 꼽아 봐도 화약, 종이, 나침반부터 증기기관, 비행기, 냉장고, 화장실, 페니실린, 원자탄, 컴퓨터, 스마트폰에 이르기까지 이루 헤아릴 수 없을 만큼 많다. 여러분은 인류 최고의 발명품으로 어떤 것을 꼽는가?

역사 속의 발명

19세기 말 산업혁명 시기를 지나면서 이전과 비교할 수 없을 정도로 많은 발명품들이 쏟아져나왔다. 증기기관과 관련된 것부터 전기장치 등 이전에 존재하지 않던 별의별 기계들이 다 만들어졌다. 오죽하면 미국의 특허청장이었던 찰스 듀엘Charles Holland Duell은 "이제 나올 만한 발명품은 다 나왔기 때문에 지구상에 더 이상 새로 나올 것이 없다"라고 말하기까지 했다. 특허청장으로서 할 말이 아닌 것 같은데, 그가 특허청장으로 있던 시기가 1880년에서 1898년까지로 19세기 말이었던 걸 생각하면 이해가 안 가는 것도 아니다. 그는 한술 더 떠서 대통령에게 앞으로 할 일이 없어질 것이므로 머지않아 특허청을 폐쇄해야 할지도 모른다고 말했다고 한다. 하지만 그의 말이 무색하게 20세기 이후 발명품은 그 이전과 비교할 수도 없을 정도로 늘어났다.

우리나라로 돌아와서, 우리나라 최고의 발명품은 무엇이 있을까? 많은 사람들이 훈민정음, 거북선, 금속활자, 온돌, 첨성대, 기중기를 비롯해서 이태리타올, 김치냉장고, 천지인 한글자판 등을 꼽는다. 또 우리 생활에서 매우 익숙한 PC방, MP3 플레이어, 우유팩, 커피믹스, 양념치킨, 막대 응원 풍선도 우리나라에서 처음 발명된 것들이다. MP3 플레이어는 스마트폰이 널리 퍼지기 전까지 CD 플레이어와 카세트플레이어를 대신하여 음악 감상에 애용되었다. 많은 사람들이 MP3 플레이어를 외국 것으로 잘못 알고 있는데, 사실은 우리나라 기업에서 개발된 것이다. 우리에게 익숙한 사각 우유팩 역시 우리나라 발명가가 유리병 대신 안전하고 편리하게 입구를 열 수 있도록 개발했다. 세계인들의 사랑을 받고 있는 커피믹스도 우리나라 특허로 등록되어 있다. 단순히 프림, 커피, 설탕을 배합해서 포장한 것에 불과한 것이 아닌가 생각할 수도 있지만 간단해 보이는 커피믹스에도 주입 방법이나 조성 성분 등에 관한 특허가 여럿 적용되어 있다.

지적재산권

발명은 일종의 아이디어로 실체가 없기 때문에 다른 사람이 쉽게 가져가거나 그대로 따라서 만들기 쉽다. 그래서 필요한 것이 특허제도다. 특허제도는 발명가를 보호하고 발명을 장려함으로써 국가산업의 발전을 도모하기 위한 제도다. 새로운 발명이나 고안에 대하여 창작자에게 일정 기간 독점적이고 배타적인 권리를 부여하는 대신 이를 일반에게 공개하고, 그 기간이 지나면 누구나 이용할 수 있도록 함으로써 기술 진보와 산업 발전을 동시에 유도한다.

요즘은 실체가 있는 유형 재산보다 눈에 보이지 않는 지식 재산이 더욱 중요해지고 있다. 실물인 USB나 책보다 그 안에 들어 있는 데이터나 아이디어가 데이터가 더 높은 가치를 갖는 경우가 많다. 실제로 아이폰 제작사인 애플의 가치를 살펴보면 지식 재산이 90퍼센트가 넘는다. 삼성전자와 애플이 심심찮게 벌이는 특허 소송 비용만 해도 천문학적 규모에 이른다. 비단 애플이나 삼성전자뿐만 아니라 세계적인 기업들의 자산 가치는 대부분 지식 재산에 있다고 해도 틀린 말이 아니다. 그만큼 특허 기술의 가치가 중요하다는 뜻이다.

그래서 각 나라는 아이디어나 기술의 경제적인 가치를 재산으로 인정하고 보호하고자 지식재산권 제도를 두고 있다. 지식재산권은 특허권보다 넓은 개념으로 상표권이나 디자인권, 그리고 저작권 등을 포함한다.

특허 제도는 1474년 이탈리아 베니스에서 생겨났다. 당시는 발명가의 아이디어를 보호하면 개인뿐 아니라 국가 전체의 경제 성장에 도움이 된다는 인식이 퍼지던 시기였다. 이후 특허법은 미국을 비롯한 선진국을 중심으로 발전했다. 특히 미국은 '태양 아래 모든 창작물은 법적으로 보호를 받는다'는 정신이 굳건한, 특허를 중시하는 대표적인 나라다. 그래서인지 대통령까지 발명가와 특허권자 대열에 동참했다. 미국의 독립선언서를 기초한 토머스 제퍼슨 대통령은 바퀴 달린 의자를 비롯해서 음식 전용 엘리베이터를 발명했고, 링컨 대통령도 발명 특허를 가지고 있다. 링컨은 한 연설에서 특허 제도를 "천재의 불꽃에 이익이라는 기름을 붓는 것"이라고 말한 바 있다.

우리나라는 1946년 현대적인 의미의 특허법이 처음 제정된 이래 꾸준히 발전해왔다. 현재 지적재산권은 산업재산권, 저작권, 신지식재산권으

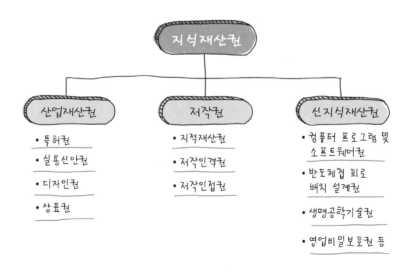

로 나뉘며, 특허권은 산업재산권 중 하나다. 전통적인 산업재산권 외에 신지식재산권은 전통적인 지식재산권인 산업재산권과 저작권 가운데 어느 하나로 판별하기 어려운 컴퓨터 프로그램이나 데이터베이스 또는 반도체나 생명공학 설계기술 등과 같이 신지식에 관한 재산권을 아우른다.

특허출원

내가 발명한 것에 대해서 권리를 보호받으려면 특허 등록을 해야 한다. 특허를 신청하려면 우선 특허 검색을 통해 신청하고자 하는 발명품이나 아이디어가 이미 등록되어 있는지 확인하고, 중복되는 특허가 없으면 특허출원서를 작성해 특허청에 제출하면 된다. 특허 출원은 인터넷으로도 가능하다. 이때 특허출원서에 특허의 핵심 내용을 적어야 하는데, 기존 기술이나 제품과의 차이점을 중심으로 기존의 문제를 어떻게 해결했는지 도면과 함께 작성한다. 요즘은 대학생들의 특허 출원을 권장하기 위해 출원료와 등록비를 면제해주는 제도가 있다. 도움이 필요하다면 변리사들이 무료로 도와주기도 한다.

최근 들어 4차 산업혁명이 진행되면서 인공지능 등 새로운 기술을 활용한 제품이나 서비스들이 하루가 멀다 하고 쏟아져 나오고 있다. 이런 현상을 보고 있자면 생각할 수 있는 것은 무엇이든 누군가에 의해 이미 개발됐을 것 같다. 하지만 앞으로 등장할 발명품은 얼마든지 있다. 기술이 급격하게 발달하던 18~19세기 산업혁명 시대 사람들도 이미 나올 제품은 다 나왔다고 생각하지 않았던가. 석유와 같은 천연자원은 언젠가 고갈되지만, 아이디어 자원은 절대로 고갈되지 않는다. 그러니 미국 특허청장 듀엘처럼 발명 아이디어가 고갈될 걱정은 하지 말고 자기 안에 있는 엉뚱함과 발명 욕구를 끊임없이 자극해보자.

모순의 해결-트리즈

결국은 아이디어의 문제다. 1960년대 구소련의 해군이던 겐리히 알츠슐러Genrich Altshuller 박사는 어떤 아이디어들이 특허가 되는지 알아보기 위해 10년 동안 특허에 관해서 연구했다. 전 세계의 특허 200만 건 중 창의적인 특허 4만 건을 뽑아서 조사한 그는 놀랍게도 어떤 공통점을 발견할 수 있었다. 그리고 이 법칙들을 바탕으로 창의적 문제 해결 방법론인 트리즈 기법을 고안했다.

그는 모든 발명이 시작된 근원에는 적어도 한 개 이상의 모순이 있다는 것을 알아냈다. 즉 모든 발명은 그러한 모순을 찾아내고 해결함으로써 탄생한 것이다. 본래 모순이란 서로 상충되어 이러지도 못하고 저러지도 못하는 상황을 말한다. 어떤 특성을 개선하려고 했더니 다른 특성이 악화되는 상황과 맞닥뜨리는 것이다. 자동차의 가속 성능을 높이려니 연료가 빨리 소모되는 기술적 모순이 발생하고, 스마트폰 화면을 크게 만들자니 가지고 다니기에 불편한 물리적 모순이 발생하는 상황이다.

알츠슐러는 이러한 모순들을 해결하기 위한 발명 원리 40가지를 제시했다. 40개의 물리적 모순 해결 방법 중에서 '분리에 의한 방법'을 살펴보자. 일단 분리에 대해서 공간에 의한 분리, 시간에 의한 분리, 조건에 의한 분리, 전체와 부분의 분리를 생각할 수 있다. 예를 들어 노인용 안경을 만들려고 한다. 노안 교정 안경을 만들려는데 안경 도수를 가까운 곳에 맞추면 먼 것이 잘 안 보이고, 반대로 먼 곳에 맞추면 가까운 것이 잘 안 보인다. 이 문제를 해결하기 위해 탄생한 렌즈가 다초점렌즈다. 다초점렌즈로 안경 아래위의 도수를 다르게 하면 먼 것과 가까운 것 모두 잘 보이게 할 수 있다. 공간에 의한 분리 원리가 적용된 것이다.

그런가 하면 두 개의 도수를 번갈아 쓸 수 있도록 하는 방법도 있다. 안경 두 개를 번갈아 쓰되, 번거로움을 줄이기 위해 하나의 안경 렌즈 위

알츠슐러의 40가지 발명 원리 중 일부	
분할 • 쪼개본다. • 독립적인 하위 시스템으로 나눈다. • 물체를 분해하기 쉽도록 설계한다.	**분리 또는 추출** • 필요한 것만 뽑아낸다. • 필요 없는 부분과 물성을 추출한다. • 물체의 필요한 부분만 이용한다.
뒤집기 • 원래의 문제 해결 방법과 반대로 시도해본다. • 움직이는 부분은 고정시키고, 고정된 부분은 움직인다.	**통합** • 여러 작업을 동시 수행한다. • 연관 있는 물체를 결합한다. • 유사한 기능을 동시에 수행한다.
포개기 • 중첩해서 설계한다. • 한 객체를 다른 객체에 넣는다. • 다른 객체의 구멍을 통과한다.	**주기적 진동** • 주기적인 변화를 준다. • 주기작용의 주파수를 바꾼다. • 작동 사이에 쉬는 시간을 둔다.
비대칭 • 대칭을 비대칭형으로 바꾼다. • 객체가 이미 비대칭이라면 비대칭의 정도를 더 높인다.	**국소적 성질** • 전체를 똑같이 만들 필요는 없다. • 장소/상황에 맞게 다른 특성으로 만든다. • 대상물의 구조나 조건을 바꾼다.
차원 변경 • 1차원 배치를 2D나 3D로 바꾼다. • 물체를 기울이거나 돌린다. • 물체의 반대면을 이용한다.	

에 또 다른 렌즈를 접거나 펼 수 있도록 부착하는 것이다. 이는 시간에 의한 분리의 원리다. 어떤 안경은 햇빛이 비추는 곳에서는 렌즈 색이 어두워지고 그렇지 않은 실내에서는 투명해지는데, 이러한 변색 렌즈는 조건에 의한 분리의 원리가 적용된 발명품이다. 알츠슐러가 특허에서 발견한 40가지 원리에는 분리의 방법 외에도 분할, 추출, 뒤집기, 통합, 포개기, 주기적 진동, 비대칭, 국소적 성질, 차원 변경 등의 방법이 포함된다.

알츠슐러는 특허를 수준에 따라 5단계로 분류했는데, 그 결과가 재미있다. 대부분의 발명은 누구나 쉽게 시도할 수 있거나 기존 시스템을 일부 개선한 것에 해당하며, 완전히 새로운 디자인 개념을 제시하거나 획기적인 신개념의 발명은 전체의 5퍼센트 정도에 불과하다고 한다.

특허 단계	내용	비율	시행착오 방식의 수준	활용 지식
1단계	해당 분야에서 누구나 쉽게 도달할 수 있는 정도의 해결책	32%	1~10회	개인적 지식
2단계	해당 산업분야의 지식을 이용하여 기존 시스템을 개선	45%	10~100회	협동적 지식
3단계	현재 시스템을 획기적으로 개선하여 모순을 해결	18%	100~1,000회	동일 산업 내 지식
4단계	새로운 디자인 개념을 제시하고, 신개념 시스템을 창조	4%	1,000~10,000회	타 산업 내 지식
5단계	획기적인 신개념의 선구자적 발견	1%	10,000회 이상	새로운 과학

6
공학윤리

　　공학 설계가 항상 좋은 결과로만 이어지는 것은 아니다. 설계가 잘못되면 작동이 안 되거나 성능이 크게 떨어질 수 있고, 심한 경우 파손되거나 사고로 이어지기도 한다. 경제적 손실뿐 아니라 인명피해와 자연 훼손에까지 이른다. 공학 설계 과정에 따르는 크고 작은 사고의 원인은 엔지니어의 실수부터 경영진의 잘못된 의사결정, 불가항력의 자연재해 등 여러 가지다. 그렇지만 결국 엔지니어가 설계한 제품과 공정이 사회에 미치는 영향이 매우 크다는 점에서 엔지니어의 역할이 얼마나 중요한지 알 수 있다. 건축물은 경제성을 위해 대형화·고층화되고, 원자력 발전은 성능을 올리기 위해 밀집도를 높이고 반응 온도를 올리며, 고속철도는 시간 단축을 위해 고속화되고 있다. 사회가 점점 더 크고, 강하고, 빠른 것을 추구

320

하다 보니 설계가 잘못되었을 때 결과는 더욱 심각해질 수밖에 없다. 다행히 최근에는 무분별한 개발과 과소비가 더 이상 자원을 낭비하고 환경을 파괴하지 않도록 하자는 움직임이 커지고 있다. 공학 설계는 앞으로 소비자들의 편리함이나 안전은 물론이고 자연환경을 복원하고 지속 가능한 사회를 만들어가는 데에 중요한 목표를 두어야 할 것이다. 지금부터 과거의 실패 사례를 보면서 엔지니어의 공학 윤리를 다시금 생각해보자.

대표적인 설계 실패 사례들

포드의 핀토 연료 탱크 폭발 사고

1978년 미국의 자동차 회사 포드의 소형차 모델인 핀토의 연료 탱크가 폭발하면서 차에 타고 있던 여성과 그녀의 아들이 사망하는 사고가 발생했다. 고속도로에서 일어난 경미한 추돌사고였는데, 가벼운 충돌임에도 불구하고 폭발이 일어난 이유는 연료 탱크 설계가 애초에 잘못됐고, 연료 탱크와 후방 댐퍼와의 사이에 충격을 흡수하는 구조물이 들어 있지 않았기 때문인 것으로 밝혀졌다. 연료 탱크를 가볍게 해서 차량 무게를 줄이고 연비를 높임으로써 가격 경쟁력은 높일 수 있었지만, 안전은 고려하지 않은 설계였다. 이 사건으로 경영자와 설계자 모두 사법처리되었다. 설계자가 처벌된 것은 매우 이례적인 일이었다. 공공의 안전과 가격 경쟁력 사이에서 어떻게 균형을 잡을 건지, 또 피고용인으로서 고용주에 대한 의무와 공공에 대한 의무 사이에서 어떻게 균형을 잡을 건지에 대해 시사점을 던진 사고다.

체르노빌 원전 유출 사고

지금까지 일어난 원자력발전소 사고 중 가장 큰 사고다. 국제 원자력발전소 사고척도에 따르면, 2011년에 일어났던 일본 후쿠시마 원자력발전소 사고와 함께 가장 심각한 척도인 7등급에 해당하는 원전사고다. 1986년 구소비에트연방의 우크라이나 지역에 있던 체르노빌 원자력발전소의 원자로가 비정상적인 핵반응을 시작했고, 결국 냉각수가 과열되면서 내부에서 발생한 수소가 폭발하고 만다. 이 폭발로 발전소의 천장이 파괴되었고, 핵반응으로 발생한 다량의 방사성 물질이 외부로 누출되었다.

사고 원인으로는 제어봉 조작에 실수도 있었지만, 원자력발전소의 구조적인 결함이 결정적인 문제였다. 당시 체르노빌 원자력발전소의 원자로는 흑연을 감속재로 사용했는데, 흑연은 물을 감속재로 사용할 때보다 조작이 복잡하고 안전성이 떨어진다. 또 냉각재와 감속재를 분리시켜 설계했는데, 이렇게 되면 노심에 있는 증기의 압력이 상승할 때 감속재인 흑연에 비해 냉각재인 경수가 빠른 속도로 감소하므로 핵반응 속도를 더욱 증가시키는 특성이 있다.

체르노빌 원자력발전소 방사능 유출 사고는 수많은 인명피해를 가져오고 넓은 유럽 대륙을 방사능으로 오염시킨 인류 최악의 원전 사고로 기록되었다. 엔지니어의 설계 잘못과 작은 조작 실수가 돌이킬 수 없는 피해를 불러올 수 있다는 걸 보여준 사고다.

챌린저 우주왕복선 폭발 사고

1986년 미국의 우주왕복선 챌린저호 폭발 사고는 발사 현장이 텔레비전을 통해 생중계되는 가운데 일어난 충격적인 사건이다. 이 사고로 여교

1986년 1월 28일 미국의 우주왕복선 챌린저호는 발사 73초 후 폭발해
승무원 7명이 전원 사망했다. ©NASA

사를 포함한 우주인 일곱 명 전원이 산화했다. 챌린저호는 발사 전부터
여러 가지 문제가 많았다. 처음 예정된 발사일이 날씨로 인해 두 차례나
연기되고 또다시 추가 정비로 인해 발사 일정이 미루어졌다. 하지만 최종
결정된 발사일 역시 기온이 낮아 고무 오링O-ring에 문제가 생길 수 있기
때문에 경험 많은 엔지니어들은 발사를 취소하거나 일정을 조정해달라고
몇 번이고 요청했다. 오링은 간단한 고무 부품에 불과하지만 연결 부분의
틈새를 밀봉하는 중요한 역할을 하는 부품이다. 하지만 나사의 고위 관리
자는 더 이상 일정을 미룰 수 없다면서 발사를 강행했다. 결국 걱정했던
대로 고무 재질로 된 오링이 추운 날씨로 수축되고 탄력성이 떨어지면서
벌어진 틈새로 연료가 새어나왔고, 이는 우주선 폭발로 이어졌다.

당시 챌린저호 발사 기획은 미국 의회의 의결을 거쳐야 했을 정도로 막대한 경비가 소요된 국가적 사업이었다. 우주개발 패권을 쥐고 있던 나사NASA에는 매우 중요한 사업이었고, 무엇보다도 높은 국민적인 관심 때문에 정치적인 부담이 있었던 것도 사실이다. 이 비극적인 사고는 엔지니어의 판단과 정치적인 판단 사이에서 윤리적인 책임의 무거움을 보여주는 공학 윤리의 대표적인 사례다.

인텔 펜티엄칩 문제

1994년 펜티엄 마이크로프로세서에 이상이 있다는 언론 보도가 나왔다. 하지만 인텔은 이를 부인하고 문제가 없다면서 판매를 계속했다. 그러다가 사용자들의 항의가 빗발치고 교환 요구가 이어지자 마지못해 칩을 교체해주기로 결정했다. 컴퓨터의 심장에 해당하는 마이크로프로세서는 100만 개 이상의 트랜지스터가 들어 있는 복잡한 구조로 되어 있어 회로의 결함은 충분히 있을 수 있는 일이다. 그래서 대개의 결함은 개발 엔지니어들이 미리 발견하여 소프트웨어로 보완한다. 그런데 인텔은 계산에 오류가 생기는 것을 사용자들이 발견할 때까지 밝히지 않았다. 인텔은 언론 보도가 나오기 전부터 이 문제를 인식하고 있었으나 후속 버전을 준비하며 해당 칩이 모두 팔릴 때까지 판매를 계속한 사실이 밝혀졌다. 설계자의 실수나 잘못으로 결함이 발생할 수는 있으나 이를 숨기고 허위사실을 유포한 인텔의 비윤리적 태도가 문제가 된 사례다.

성수대교 붕괴사고

1994년 서울 한강에 위치한 성수대교의 상부 트러스가 무너져 내리면서 32명의 사망자를 낸 대형 사고다. 다리 위를 달리던 승용차와 승합차는 한강으로 그대로 추락했고, 통과 도중 뒷바퀴가 걸린 버스는 뒤집혀 추락하면서 상판과 부딪혀 등굣길의 학생들을 비롯한 승객들이 참변을 당했다. 성수대교는 삼각형 철골구조로 된 트러스식 다리다. 트러스 공법은 다리를 만들 때 많이 사용하는 공법이기는 하지만, 이음새가 잘못되면 무너지기 쉬운 공법이기도 하다. 게다가 성수대교는 시공 후 이음새 핀 등 세부 요소들을 주기적으로 점검하는 안전 점검 조치도 소홀했다. 사고 후 조사를 해보니 연결 이음새의 용접이 불량이고, 연결 부위가 심하게 녹슬어 있었으며, 다리 위의 하중을 분산시키는 이음새에도 결함이 있었다. 또 과적 차량이 자주 통과하여 오랜 시간에 걸쳐 상판 재료에 피로가 누적되었다. 성수대교 붕괴 사고는 결국 내부 결함 문제와 점검 부실이 빚은 인재라 할 수 있다.

공학 윤리와 사회적 책임

잘못된 설계의 원인은 여러 가지가 있을 수 있다. 설계자의 단순 실수나 부주의일 수도 있지만, 의도적인 것일 수도 있다. 설계상 오류는 문제에 대한 인식이 애당초 부족하거나 주어진 가정이 맞지 않은 경우, 계산상 오류가 있거나 무리하게 결론에 이르는 경우에 일어난다. 이런 형태의 설계자 개인의 실수는 흔히 일어나지만, 다른 엔지니어들과 협의하고 상급자의 검토를 거치는 과정에서 어느 정도 방지할 수 있다. 문제는 기술적인 문제와 별개로 발생하는 윤리적인 부분이다.

공학 윤리는 엔지니어가 직무를 수행할 때 따라야 할 윤리 규범이나 기준 등 행동 양식을 정한다. 공학 윤리에 따르면 엔지니어는 공공의 안전과 건강, 복지를 중요하게 생각하고, 자신이 할 수 있는 영역의 서비스만을 하며, 객관적이고 신뢰할 수 있는 발언을 하고, 전문인으로서 고용주나 고객에 대해 신뢰받는 대리인으로서 역할을 다하여야 한다. 하지만 당연하게 여겨지는 이러한 행동 양식을 지키는 게 쉽지만은 않다. 사회가 복잡해지면서 기본적인 윤리 규범조차 지키기 어려운 경우가 생긴다. 엔지니어가 달성하려는 목표가 조직이 처해 있는 현실이나 사회가 요구하는 가치와 충돌하는 경우도 생기고, 두 개 이상의 다른 사회적 가치가 서로 충돌하는 경우도 종종 발생하기 때문이다.

가장 흔한 사례는 설계자의 의견과 경영진의 의견이 상충되는 경우다. 엔지니어는 자신의 설계를 관철시키고 싶어 하지만, 경영진 입장에서는 회사의 수익 문제를 고려하지 않을 수 없다. 회사에 고용된 엔지니어로서 자신이 몸담고 있는 회사의 어려움을 감수하고, 심지어 자신의 일자리까지 위협받으면서 엔지니어의 자존심과 양심을 고집하기란 쉽지 않다. 그런가 하면 경제 개발이냐 환경 보존이냐의 문제는 두 개의 사회적 가치가 상충되는 전형적인 문제다. 원활한 교통을 위해서 도룡뇽의 서식처를 지나는 터널을 뚫어야 하는가, 값싼 전기를 공급받기 위해서 원자력 발전을 지속해야 하는가, 끊임없는 소비자의 욕구를 어디까지 만족시켜야 하는가 하는 등의 질문은 계속 이어진다.

자연과학은 맞고 틀림을 다루기 때문에 과학의 성과 자체에 대해서 윤리적인 문제가 크게 부각되지 않는 편이다. 대체로 연구 방법이나 논문 표절과 같은 연구 부정행위 문제나 생명과 관련된 연구 대상이 문제가 될 수 있다. 반면에 공학은 추구하는 기능과 사회적인 가치문제가 충돌하는 경우가 많아서 접근 방법이나 대상뿐 아니라 결과물 자체도 크고 작은 윤리 문제를 포함할 수 있다.

칼은 가치중립적이지만 칼을 어떻게 사용하느냐에 따라 그 가치가 결정된다. 사람을 살리는 수술용으로 쓰일 수도 있지만 반대로 생명을 해치는 데 사용될 수도 있다. 공학은 칼과 같아서 어떻게 사용하느냐에 따라서 그 용도와 가치가 달라진다. 그렇다고 그 결정을 공학기술인이 배제된 상태에서 온전히 다른 사람들에게만 맡길 수는 없다. 개발자로서 설계자로서 책임을 다해야 한다. 비록 칼과 같이 가치중립적이라 할지라도 공학을 실현하는 엔지니어는 사회의 책임 있는 일원으로서 자기 나름의 가치관을 가지고 공학 윤리에 관하여 깊이 고민해야 한다.

최근 인공지능과 같은 새로운 기술이 등장하면서 공학 윤리의 문제가 다시금 부각되고 있다. 새로운 기술인만큼 새로운 고민거리를 가져오기 때문이다. 따라서 엔지니어라면 공학 기술이 이루는 결과에 대해서 스스로 끊임없는 질문을 해야 한다.

자율 무인자동차가 고속도로를 달리고 있는데, 앞에 있는 트럭에서 갑자기 돌덩어리들이 떨어지기 시작했다. 무인차 왼쪽 차선에는 사람이 가득 찬 버스가 달리고 있고 오른쪽 차선에는 오토바이가 달리고 있다. 핸들을 돌리지 않고 그대로 브레이크 페달을 밟아 속도를 줄이더라도 떨어지는 돌덩어리를 피하기 어려운 상황인데, 날아오는 돌덩어리들을 피해 핸들을 옆으로 돌리자니 어느 쪽으로 돌려도 큰 사고가 날 것 같다. 도대체 어떻게 해야 할 것인가?

인공지능은 여러 가지 교통 상황에 대한 축적된 데이터를 활용한다. 하지만 이런 사례처럼 사고 대처 방법을 판단하는 문제는 철학적 질문이다. 무인차의 인공지능 알고리즘은 정의가 무엇인지 스스로 생각하지 못

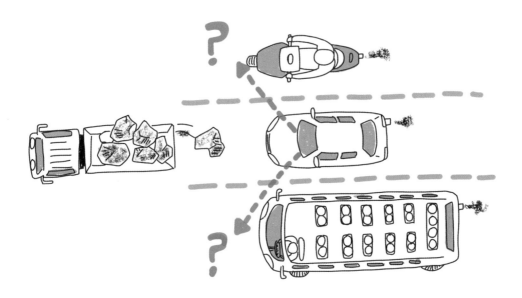

한다. 엔지니어가 입력한 작동 프로그램에 따라서 작동할 뿐이다. 나를 보호할 것인가, 남을 보호할 것인가? 만일 탑승자를 우선 보호하도록 프로그램되어 있다면 다음 문제는 어느 방향으로 핸들을 돌릴 것인가 선택해야 한다. 아마도 버스와 충돌했을 때 사고 규모와 피해 정도, 오토바이와 충돌했을 때 운전자의 사망 확률과 보상금 예상치를 비교하여 적은 쪽을 택하도록 프로그램될 공산이 크다. 하지만 이 문제가 그렇게 결정될 문제인가?

이는 성능과 관련된 기술적 판단이 아니라 사회적 가치와 관련된 윤리적 문제다. 엔지니어는 가치에 대한 가중치를 입력하고 알고리즘 작동 절차를 설정해야 한다. 결코 쉽지 않은 일이고, 프로그램 엔지니어 한 사람이 정할 수 있는 문제도 아니다. 이러한 가중치와 알고리즘은 일반적으로 공학 윤리에 관한 사회적인 합의를 바탕으로 만들어진다. 그런 의미에서 엔지니어는 기술적인 측면뿐만 아니라 사회적 이슈와 윤리적 측면에 대해서도 관심을 가져야 한다.

공학은 사람들의 생활을 편리하고 이롭게 하기 위한 것이지만 과연 어떻게 하는 것이 사람이나 사회를 이롭게 하는 것인지 판단하기 어려운 때가 많다. 생활의 편리함과 환경보호 등의 상반된 가치에 대해서 어떻게 조화를 이룰 것인가 항상 고민해야 한다. 엔지니어는 사회의 일원으로서 양심과 정의에 위배되지 않으며 책임감을 가지고 역할을 다하는 것은 물론이고, 공학이 이루는 결과가 사회를 긍정적인 방향으로 이끌 수 있도록 해야 할 것이다. 공과대학을 다니는 공대생으로서, 그리고 졸업한 후에는 엔지니어로서 끊임없이 고민해야 할 문제다.

공대생을 따라잡는 자신만만 공학 이야기

수학과 과학, 실험과 설계, 4년 공대 공부의 모든 것!

1판 1쇄 발행 | 2021년 5월 18일
1판 4쇄 발행 | 2024년 8월 27일

지은이 | 한화택
펴낸이 | 박남주
펴낸곳 | 플루토
출판등록 | 2014년 9월 11일 제2014-61호

주소 | 07803 서울특별시 강서구 마곡동 797 마곡에이스타워 1204호
전화 | 070-4234-5134
팩스 | 0303-3441-5134
전자우편 | theplutobooker@gmail.com

ISBN 979-11-88569-25-0 03500

신약 개발 전쟁

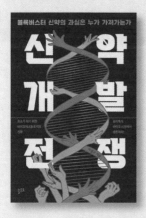

블록버스터 신약의 과실은 누가 가져가는가

바이오 업계 종사자뿐만 아니라 바이오기업 창업이나 취업을 준비하고 있는 관련 학과 전공자들, 제약·바이오 분야에 투자를 고민하고 있는 사람들, 신약 개발과 바이오 기술의 현재와 미래가 궁금한 독자들을 위한 최고의 가이드북!

이성규 지음 | 272쪽 | 17,000원

공대생을 위한 취업특급

자소서는 스킬, 면접은 어필, 취업은 올킬!

공대 선배가 공개하는 취업 준비 필살 안내서! 취업 준비를 하는 법, 필수 역량을 쌓는 법, 지원 기업을 선택하는 법, 업종과 직무별 특징뿐만 아니라 자기소개서 작성과 면접 성공 사례까지 이 한 권에 모두 담았다.

박정호 지음 | 192쪽 | 15,000원

처음 읽는 플랜트 엔지니어링 이야기

모든 물건의 시작, 플랜트
플랜트의 시작, 플랜트 엔지니어링!

★ 2022년 한국어린이출판협의회 이달의 청소년책

석유 만드는 플랜트와 즉석국 만드는 플랜트는 사실 비슷하다고?
지속가능한 지구를 위해 유해물질을 제거하는 플랜트가 있다고?
플랜트는 누가, 어떻게 만드나?
플랜트 회사에 취업하려면 어떻게 해야 하지?

박정호 지음 | 240쪽 | 16,500원

처음 읽는 양자컴퓨터 이야기

양자컴퓨터, 그 오해와 진실
개발 최전선에서 가장 쉽게 설명한다!

"젊은 양자컴퓨터 개발자 중 가장 빛나는 연구자가 쓴 획기적인 책.
 양자컴퓨터의 본질을 보여준다!"
— 광 양자컴퓨터의 대가 후루사와 아키라 교수(도쿄대학교)

다케다 슌타로 지음 | 전종훈 옮김 | 김재완(고등과학원) 감수 | 244쪽 |
16,500원

처음 읽는 2차전지 이야기

탄생부터 전망, 원리부터 활용까지 전지에 관한 거의
모든 것!

전지의 탄생부터 미래 전망까지, 매우 다양한 전지들을 총망라하여 전지에 관해
거의 모든 것을 다뤘다. 현재 가장 많이 쓰이는 리튬이온전지는 물론이고, 다양한
차세대 2차전지들을 소개하고 있다.

시라이시 다쿠 지음 | 이인호 옮김 | 한치환(한국에너지기술연구원) 감수 |
324쪽 | 17,000원

처음 읽는 인공위성 원격탐사 이야기

경기 예측에서 기후변화 대응까지,
뉴 스페이스 시대의 인공위성 활용법

"인공위성이 보내온 지구 곳곳의 사진들을 보는 것만으로도 만족스러운데, 저자의
꼼꼼한 분석과 과학적 설명이 사진에 깊이를 더한다."
— 이은희(하리하라, 과학저술가)

"우주 분야에서 새로운 기회를 탐색하는 나로호 키즈들이 꼭 읽어보기를 강추한다."
— 박재필(나라 스페이스 대표)

김현옥 지음 | 248쪽 | 17,000원